Business-Knigge für Männer

Anke Quittschau, Christina Tabernig
unter Mitarbeit von Dirk Pfister

Business-Knigge für Männer

Mehr Erfolg durch gute Manieren

2. Auflage

Haufe Gruppe
Freiburg · München · Stuttgart

Bibliografische Information der Deutschen Nationalbibliothek

Die Deutsche Nationalbibliothek verzeichnet diese Publikation in der Deutschen Nationalbibliografie; detaillierte bibliografische Daten sind im Internet über http://dnb.dnb.de abrufbar.

Print: ISBN 978-3-648-09666-6 Bestell-Nr. 00252-0002
ePub: ISBN 978-3-648-09667-3 Bestell-Nr. 00252-0100
ePDF: ISBN 978-3-648-09668-0 Bestell-Nr. 00252-0150

Anke Quittschau, Christina Tabernig
unter Mitarbeit von Dirk Pfister
Business-Knigge für Männer
2. Auflage 2017

www.haufe.de
info@haufe.de
Produktmanagement: Anne Rathgeber

Lektorat: Lektoratsbüro Peter Böke, Berlin
Satz: kühn & weyh Software GmbH, Satz und Medien, Freiburg
Umschlag: RED GmbH, Krailling
Druck: BELTZ Bad Langensalza GmbH, Bad Langensalza

Inhaltsverzeichnis

Vorwort

Kennen Sie die folgende Situation? Sie sitzen mit einem Geschäftspartner beim Abendessen in einem gehobenen Restaurant, um den lang umkämpften Auftrag zu besiegeln. Ihr Gegenüber hat den Brotkorb bereits geleert, bevor der Wein bestellt ist. Er klemmt sich die Serviette an die Krawattennadel und beginnt die Suppe zu schlürfen. Mit vollem Mund antwortet er zügig auf Ihre Fragen.

Und genau dies ist der Grund, warum wir dieses Buch geschrieben haben. Viele Männer haben in den letzten Jahren aufgrund ihrer fachlichen Kompetenz die Karriereleiter erklommen. Nun sind sie im Kreis der Manager angekommen und übernehmen eine neue Aufgabe: die Repräsentation ihres Unternehmens als Führungskraft. Doch beherrschen sie diese »neue Aufgabe« bereits? Hat sie jemand darauf vorbereitet?

Wer auf der Karriereleiter vorankommen möchte, erreicht irgendwann die Stufe, auf der profundes fachliches Können nicht mehr weiterhilft. Gefragt sind vielmehr respektvoller Umgang mit Mitarbeitern und ein sicheres Auftreten.

»Interessiere Dich für andere, wenn Du haben willst, dass andere sich für Dich interessieren. Respektiere Dich selbst, wenn Du willst, dass andere Dich respektieren sollen.« sagte Adolph Freiherr von Knigge. Die Umgangsformen haben sich in den letzten Jahrzehnten stark verändert. Viele Fragen tauchen dabei auf. Auf einigen gesellschaftlichen Ebenen werden diese sozialen Spielregeln sehr eng ausgelegt, haben aber im Grundsatz immer ihre Gültigkeit. Dies bedeutet jedoch nicht, dass jeder mit der Hummerzange umgehen muss. Doch das Beherrschen einiger Regeln gibt Ihnen die nötige Sicherheit, sich auf jedem gesellschaftlichen Parkett und in jeder unvorhersehbaren Situation bewegen zu können.

Arbeitsfrühstück oder Dinner mit Geschäftskunden – Geschäfte werden oft abseits der Bürogebäude getätigt. Damit Sie bei diesen Anlässen nicht ins Fettnäpfchen treten, müssen Sie bestimmte Gepflogenheiten beherzigen. Im Vorteil ist, wer dann die Regeln kennt, um sich auf die geschäftlich relevanten Dinge konzentrieren zu können.

Gutes Benehmen fördert Ihre Karriere

Konferenzen, Tagungen, Geschäftsessen, Empfänge, Kundenbesuche, Auslandsaufenthalte–es gibt für einen Geschäftsmann heutzutage eine Menge Anlässe, bei denen er perfekte Umgangsformen braucht. Der Erfolg im Business hängt nämlich nicht allein vom fachlichen Know-how ab, sondern auch von der Fähigkeit, angenehm auffallen und einen guten Eindruck hinterlassen zu können. So wird beispielsweise der Unternehmenschef seinen jungen, aufstrebenden Vertriebsleiter nur dann zu einem wichtigen Dinner mitnehmen, wenn er sicher sein kann, dass dieser ein mehrgängiges Essen in einem gehobenen Lokal meistert.

Andere Länder – andere Sitten

Der Geschäftsmann von heute muss aber nicht nur wissen, welches Benehmen hier zu Lande gefragt ist. Er sollte sich auch im Ausland souverän bewegen können. Denn mit der Globalisierung nehmen auch die Reisen zu und es ist höchst bedauerlich, einen Auftrag nicht zu bekommen, weil man einem hochrangigen japanischen Geschäftspartner während eines Meetings die Fußsohlen entgegengestreckt oder ihm beim Durchschreiten von Türen ständig den Vortritt genommen hat.

Wie geht man mit Business-Frauen um?

Und schließlich geht es auch darum, im Umgang mit Business-Frauen, die immer häufiger auf der Chefetage anzutreffen sind, Benimm zu zeigen. Frauen und Männer sind im Beruf gleichgestellt. Aber wie ist es, wenn beide auf eine Tür zugehen? Hält der moderne Geschäftsmann die Tür auf? Und hilft er der Frau in den Mantel?

Sie sehen, es gibt rund um das korrekte Benehmen eine Menge zu klären. Wenn Sie sich auch schon öfter gefragt haben, wie Sie auf den ersten Blick Format zeigen, wann Sie Ihre Visitenkarte überreichen, welche Gastgeschenke Sie zu einer Einladung mitbringen, wie Sie jemanden Ihrem Chef vorstellen oder bei einem Geschäftsessen eine gute Figur machen, dann haben Sie mit diesem Buch den richtigen Griff getan.

Sie werden alle Benimm-Themen kennenlernen, die für Sie als Geschäftsmann relevant sind. Wir sagen Ihnen, was zu einem ansprechenden Äußeren gehört und worauf Sie bei der Begrüßung achten müssen. Sie lernen den richtigen Business-Dresscode für Männer kennen. Wir sagen Ihnen, wie Sie ein guter Small Talker werden und worauf Sie bei der Korrespondenz mit Kunden und Geschäftspartnern Wert legen sollten. Wir bereiten Sie auf Restaurantbesuche mit Kunden vor und erklären Ihnen, wie Sie mit schwierigen Gerichten umgehen. Und immer wieder werden wir Sie auf typische Benimmfallen im Berufsleben aufmerksam machen und erklären, wie Sie diese umgehen.

Um sich in gutem Benehmen zu üben, gibt es am Ende der Kapitel Übungen. Im Anhang des Buches verraten wir Ihnen dann die Lösungen.

Wir wünschen Ihnen nun viel Spaß bei der Lektüre. Sicher gibt es bald eine Gelegenheit, sich als beeindruckender Gentleman des Geschäftslebens zu erweisen.

Ihr korrekt!-Team

Anke Quittschau & Christina Tabernig

1 Gepflegte Männer kommen weiter

Nur wenige Sekunden genügen, um sich von Ihnen ein Bild zu machen. Sind Sie ordentlich rasiert? Ist Ihr Hemd gebügelt? Riechen Sie nach Zigaretten? Gehen Sie gebückt? Klingen Sie ausgeschlafen? In diesem Kapitel erfahren Sie, worauf Sie in Sachen Outfit, Körperhaltung und Stimme achten müssen, um sympathisch, gepflegt und kompetent, kurzum: überzeugend zu wirken.

1.1 Legen Sie Wert auf Äußerlichkeiten

Die Weisheit »Es gibt keine zweite Chance für einen ersten guten Eindruck« kennen Sie sicher. Aber handeln Sie auch danach? Wie wichtig ist Ihnen Ihre Körperpflege und Ihre Kleidung? Haben Sie einen guten Rasierer oder sagen Sie sich, dass ein paar Bartstoppeln schon nicht auffallen werden? Ist Ihr Haarschnitt modern und gepflegt oder finden Sie, dass häufiges Waschen für vorzeitigen Haarausfall verantwortlich ist? Haben Ihre Schuhe eigentlich noch Absätze? Haben Ihre Pullis dicke Fusseln?

Wenn Sie zu den Männern gehören, die der Ansicht sind, dass es auf den Inhalt und nicht auf die Verpackung ankommt, dann ist das sehr löblich. Aber im Job, wo Sie sich tagtäglich unter Beweis stellen müssen, könnten Sie mit dieser Denkweise den Kürzeren ziehen. Wussten Sie, dass sich andere Menschen innerhalb von 150 Millisekunden bis 90 Sekunden einen ersten Eindruck von Ihnen verschaffen und dieser in entscheidenden Situationen Ihres Lebens über Ihre Chancen bestimmen kann? Es wäre schade, wenn Sie mit Ihren Fähigkeiten nicht zum Zuge kämen, weil Sie keine Lust zum Hemdenbügeln haben. Zu den Situationen, in denen sehr viel von Ihrem Erscheinungsbild abhängt, gehören:

- eine Präsentation
- ein Verkaufsgespräch
- der Auftritt vor einer Prüfungskommission
- das Vorstellungsgespräch
- der erste Tag am neuen Arbeitsplatz
- das erste Treffen mit Ihren künftigen Schwiegereltern
- wichtige Einladungen
- Zusammenkünfte im Familien- und Freundeskreis
- die erste Begegnung mit möglichen Geschäftspartnern

1.2 So setzt sich der erste Eindruck zusammen

Der erste Eindruck setzt sich aus verschiedenen Faktoren zusammen. Hierzu gehören:

- Ihre äußere Erscheinung
  Darunter verstehen wir z. B. Kleidung, Frisur, Accessoires und Farben.
- Ihr Auftreten
  Ausstrahlung, Mimik, Gang, Haltung, Gestik, Ihre Augen sowie Ihre Freundlichkeit.
- Ihre ersten Worte
  Ihr Gruß, Ihre Stimme, Lautstärke, Sprachmelodie, Deutlichkeit im Ausdruck, die ersten Sätze.
- Der Duft Ihres Körpers
  Sie kennen sicherlich den Spruch »Ich kann den nicht riechen«. Sie sehen also, wie wichtig dieses unbewusste Signal für den ersten Eindruck bzw. für einen bleibenden Eindruck ist. Aftershaves, Seifen und Pflegemittel sorgen für einen angenehmen Duft. Zuviel davon wirkt allerdings unangenehm.
- Die Berührung, der Hautkontakt
  Hierzu zählt das Gefühl, das der erste Händedruck auslöst. Haben Sie feuchte oder trockene Hände? Sind sie kalt oder warm?

In einer neuen Umgebung mit uns unbekannten Menschen wissen wir oft nicht, wie wir uns verhalten sollen. Das altbekannte »Understatement« ist in einer solchen Situation immer zu empfehlen. Halten Sie sich taktvoll zurück, beobachten Sie und hören Sie zu. Seien Sie freundlich und interessiert an dem, was andere sagen. Ihre eigene Person und die damit verbundenen Stärken und Werte werden Sie noch früh genug unter Beweis stellen können.

1.3 Format zeigen im Vorstellungsgespräch

Wer zu einem persönlichen Gespräch eingeladen wird, hat die erste große Hürde schon genommen. Die schriftliche Bewerbung hat dem Personalchef gefallen, jetzt müssen Sie zeigen, was in Ihnen steckt. Die Firmenbroschüre haben Sie sich vorab besorgt und aktuelle Informationen über das Unternehmen im Internet recherchiert. Gut vorbereitet sind Sie also. Der erste Eindruck, den Personalchef oder Unternehmer jetzt von Ihnen bekommen, ist entscheidend. Es zählen Persönlichkeit und Erscheinungsbild.

Bei einem Einstellungsgespräch – übrigens eine der teuersten Entscheidungen, die ein Manager treffen kann – dominiert das Gefühl. Ein erfahrener Personalchef erkennt, ob sich ein Kandidat authentisch präsentiert oder nur eine Rolle spielt.

Passen Sie Ihren Kleidungsstil ans Unternehmen an
An ordentlicher Kleidung führt kein Weg vorbei–egal ob Sie sich als Bankangestellter oder Programmierer bewerben. Sie sollten sich aber darin wohl fühlen, sonst wirken Sie unsicher. Wenn Sie die Gelegenheit haben, vorab herauszufinden, wie der Kleidungsstil im Unternehmen ist, umso besser. Kleiden Sie sich dann ein wenig über diesem Standard. Grundsätzlich gilt: Eher konservativ als zu leger anziehen.

Entscheiden Sie sich für ein Anzug in den klassischen Businessfarben Blau oder Grau, gegebenenfalls Braun, selten Schwarz. Dunkelblau wirkt vertrauenerweckend und korrekt. Dunkelgrau wirkt weniger autoritär als Schwarz und eignet sich daher besonders für Bewerbungsgespräche.

Bitte achten Sie darauf, keine Überdosis Aftershave zu benutzen. Sie sollen Ihren künftigen Chef nicht betäuben, sondern lediglich ein gepflegtes Äußeres (sowohl in Kleidung als auch Geruch) abgeben.

Gehen Sie auch sparsam mit Schmuck und Accessoires um. Hier gilt die Stilregel: Männern sind maximal zwei Ringe, Manschettenknöpfe und eine Armbanduhr erlaubt. Wenn Sie eine Halskette tragen, dann bitte nicht sichtbar unter dem Hemd. Auch die Sonnenbrille in den Haaren wirkt eher stillos als lässig.

Eine sehr wichtige Regel lautet: Seien Sie pünktlich! Schauen Sie den Menschen, denen Sie die Hand geben, immer in die Augen. Ihr Händedruck sollte dabei nicht zu fest, aber auch nicht zu locker und auf keinen Fall feucht sein. Wenn Ihnen die Anspannung feuchte Hände bereitet, trocknen Sie diese vorher unauffällig ab. Sie können sich hierfür kurz an den Unterarm fassen oder die Hände am Taschentuch in der Hosentasche trocknen.

Spielen Sie niemals den coolen Erfolgstypen
Beobachten Sie Ihre Körpersprache vor dem Gespräch im Spiegel und fragen Sie Freunde um deren Meinung. Achten Sie im Vorstellungsgespräch auf Ihren Körper. Glauben Sie nicht, dass Sie den lässigen Erfolgsmenschen spielen müssen, den Sie neulich im Fernsehen gesehen haben. Generell sollten Sie einfach Sie selbst sein, nur das ist authentisch und sympathisch.

Positiv wirkt, wenn Sie sich entspannt hinsetzen, Blickkontakt halten und den Gesprächspartner ausreden lassen. Negativ fallen Sie auf, wenn Sie Kaugummi kauend mit verschränkten Armen den Personalchef ernst anschauen oder ihn permanent unterbrechen. Stellen Sie beide Füße fest auf den Boden–so wirken Sie überzeugender.

Gestalten Sie das Gespräch. Wer fragt, der führt, heißt eine bekannte Regel. Mit offenen Fragen (alle Fragen, auf die man nicht mit Ja oder Nein antworten kann) erhalten Sie die meisten Informationen. Gehen Sie auf die Antworten Ihres Gegenübers ein. Die Faustregel lautet: 70 Prozent reden und 30 Prozent hören. Aber betreiben Sie kein »overselling«, dies könnte genau das Gegenteil bewirken. Antworten Sie überlegt.

Fassen wir noch einmal zusammen. Ihre Persönlichkeit und Erscheinung entscheiden: Passen Sie zur Firma, zum Job und den anderen Mitarbeitern? Sie können fachlich bestens qualifiziert sein oder einen überdurchschnittlichen Studienabschluss haben, wenn Sie sich nicht überzeugend darstellen können, ist das Bewerbungsgespräch die Endstation.

Ob Job-Einsteiger oder erfahrener Manager, eine Grundausbildung in »modernen Umgangsformen« gibt Ihnen die nötige Sicherheit für die Bewerbungssituation.

Die Stimme muss kräftig klingen

Die Stimme ist unser wichtigstes Kommunikationsmittel. Wer eine angenehme Stimme hat und gut artikuliert, dem hört man gerne zu. Wenn Ihre Stimme schrill und hoch, zu leise oder heiser klingt, wenn Sie ohne Punkt und Komma reden, verlieren die Zuhörer sehr schnell das Interesse, auch wenn das, was Sie sagen, noch so interessant ist.

In der Face-to-Face-Situation spielen Stimme und Tonfall eine große Rolle. Wir hören weniger auf den Inhalt des Gesagten als auf die Art, wie es gesagt wird. Gleichzeitig übertragen sich Atemrhythmus und Stimmlippenbewegung vom Sprecher auf den Hörer. Dieser spricht mit fünf Millisekunden Verzögerung innerlich mit und erinnert sich so an das Gesagte. Das Phänomen des Mitsprechens können Sie auch gut an kleinen Kindern beobachten, die gerade Sprechen lernen. Als Zuhörer speichern Sie auch, ob die Sprechweise angenehm oder unangenehm war.

Jeder Schauspieler, Sportler oder Sänger macht sich vor seinem Auftritt warm. Nur Geschäftsleute, die einen Vortrag oder eine Präsentation halten, gehen meistens »kalt« auf die Bühne. Warum eigentlich? Hängt hier etwa nichts von ihrem Auftritt ab?

Die Stimme ist bei vielen Menschen nicht belastbar. Längeres Reden strengt an und der Hals wird trocken. Solche Stimmprobleme rühren meist daher, dass die Luft nur durch den Mund eingesogen wird. Das reizt Kehle und Hals.

So bekommen Sie eine tolle Stimme

Vermeiden Sie Nikotin, Alkohol, Ozon und trockene Heizungs- oder Klimaanlagenluft. Bei Vorträgen und Reden sollten Sie immer ein Wasserglas bereit stehen haben, so dass Ihre Kehle nicht austrocknet und die Schleimhäute benetzt bleiben.

Um in einem Vortragsraum auch die Personen in der letzten Reihe erreichen zu können, müssen Sie Ihre Stimme von der ausgeatmeten Luft tragen lassen. Suchen Sie sich Bezugspersonen im Publikum, zu denen Sie sprechen. Achten Sie darauf, dass Ihre Stimme bis zu den letzten Reihen vordringt.

Tipp !

Atmen Sie immer in den Bauch, nicht in die Brust ein. So können Sie den Druck halten, den Sie für eine klare und laute Aussprache benötigen. Achten Sie auch auf eine deutliche Artikulation. Für ein Wort müssen bis zu 100 Muskeln angespannt werden. Das altbekannte Training mit dem Korken zwischen den Zähnen hilft, eine deutliche Artikulation einzuüben. Machen Sie Ihre Stimme vor jedem Auftritt warm. Reden Sie laut mit sich oder sagen Sie Sätze aus Ihrem Vortrag. Es ist fast unmöglich, eine Rede zu halten, ohne vorher ein Wort gesprochen zu haben.
Durch den Einsatz einer geschulten Stimme erlangen Sie mehr Selbstsicherheit, ein überzeugenderes Auftreten und strahlen mehr Kompetenz aus.

Übungen !

Übung 1: Welche Punkte sollten Sie beachten, wenn Sie zu einem Vorstellungsgespräch eingeladen sind?
Übung 2: Nennen Sie vier Situationen, in denen Sie einen ersten Eindruck hinterlassen.
Übung 3: Wie können Sie Ihre Stimme trainieren und aufwärmen?

2 Begrüßung und Anrede

Der Geschäftsmann mit perfekten Umgangsformen lässt sich schon daran erkennen, wie er andere begrüßt oder miteinander bekannt macht. Gerade beim Bekanntmachen werden viele Fehler begangen. Da wird der Chef dem Mitarbeiter vorgestellt oder die Abteilungsleiterin der Auszubildenden. Lesen Sie dieses Kapitel, in dem wir Ihnen das richtige Begrüßungszeremoniell vorstellen, aber auch Ihre Merkfähigkeit für Namen erhöhen und sagen, was einen guten Händedruck ausmacht.

2.1 Wer grüßt wen zuerst?

Grundsätzlich grüßt der zuerst, der einen Raum betritt. Dies gilt sowohl im täglichen Leben als auch im Geschäftsumfeld. Im Berufsleben grüßt der Rangniedere den Ranghöheren, wenn sie sich z. B. auf dem Flur treffen. Achten Sie darauf, dass Sie einen Gruß mit möglichst den gleichen Worten erwidern. Es klingt eher belehrend, wenn Sie auf ein süddeutsches »Grüß Gott« mit »Guten Tag« antworten oder auf ein »Hallo« mit »Guten Tag« reagieren.

Sollte Ihr Gegenüber Sie standesgemäß als Erstes grüßen, tut es aber nicht, warten Sie nicht auf ihn. Grüßen ist im Zweifelsfall immer besser als Nichtgrüßen.

»Mahlzeit!« ist out

Der Gruß »Mahlzeit« hat nichts in unserer heutigen Geschäftswelt zu suchen. Mahlzeit ist eine Abkürzung für »Gesegnete Mahlzeit« und gehört nicht in die Kategorie Tagesgruß. Es gibt auch kaum eine sinnvolle Antwort auf diesen Gruß, außer einem »Danke, Ihnen auch«. Dieser Ausdruck passt also höchstens in die Kantine, aber nicht ins Büro. Sollten Sie auf alle Meinungen Wert legen, können Sie natürlich den Gruß erwidern.

Tipp !

Achten Sie immer auf den Rang Ihres Gegenübers! Ein Angestellter sollte darauf warten, dass ihm nach seiner verbalen Begrüßung die Hand vom Vorgesetzten entgegengestreckt wird. Genauso sollte ein Bewerber, der den Raum betritt, »Guten Tag« sagen, aber abwarten, ob sein potenzieller zukünftiger Vorgesetzter ihm die Hand reicht.

Das Reichen der Hand entspricht einer Aufforderung zum Gespräch. Haben Sie keine Zeit, ein Gespräch zu führen, und treffen einen Kollegen auf dem Gang, den Sie seit Wochen nicht gesehen haben, lassen Sie ihn vorbeiziehen mit den Worten: »Wir sprechen uns später – ich bin leider in Eile.« Die Hand zu reichen, ohne ein paar Worte zu sagen, gilt als unhöflich.

! **Hände drücken ist Arbeit**

Ein Geschäftsführer empfing einen Berater als Gast in seinem Unternehmen. Als dieser ihm die Hand reichen wollte, entgegnete der Geschäftsführer: »Ich gebe Ihnen nicht die Hand, sonst müsste ich ja am Tag hunderte von Händen drücken ...« Ob diese doch so ehrliche Aussage freundlich und beziehungsförderlich war, sei dahingestellt. Grundsätzlich sollten Sie einen Händedruck immer erwidern.

! **Übungen**

Übung 4: Sie haben dem Ranghöheren zuerst die Hand gereicht und er zögert. Wie verhalten Sie sich am besten?
Übung 5: Man reicht Ihnen die Hand, doch der Händedruck fühlt sich lasch an. Wie reagieren Sie?
Übung 6: Beobachten Sie an einem normalen Geschäftstag, wann und in welchen Situationen sich Personen grüßen, und notieren Sie diese.

2.2 Der Händedruck – kein Kraftakt

Ein Händedruck braucht Gefühl. Manche Männer zeigen – zumindest beim Hände drücken – nicht sehr viel davon. Sie praktizieren die Nussknacker-Methode: drücken, bis es knackt. Wenn Sie im Gesicht Ihres Gegenübers eine Spur von Schmerz erkennen, ist es also höchste Zeit, Ihren Händedruck zu korrigieren.

Lasch sollten Sie Hände natürlich auch nicht drücken. Stellen Sie sich vor, jemand gibt Ihnen eine Hand, die kalt und feucht ist und sich so glitschig anfühlt, dass Sie meinen, einen toten Fisch in die Hand gelegt bekommen zu haben. Was halten Sie jetzt von Ihrem Gegenüber?

Der Händedruck ist der gefühlte erste Eindruck. Ein Händedruck demonstriert Vertrauen. Dieses Entgegenbringen von Vertrauen sollte in einer bestimmten Form dargeboten werden.

!

Tipp

Ein Händedruck sollte nicht zu soft, aber auch nicht zu hart sein. Vermeiden Sie:

- Gummihand oder Schraubzwinge
- Tätscheleien, d.h. mit der linken Hand den Rücken oder die Schulter tätscheln
- Doppelhandgriff
- eine Hand in der Hosentasche
- fehlenden Blickkontakt
- mangelnden Abstand

So sollten Sie Ihrem Gegenüber nicht die Hände drücken:

Abb. 1: Tätschelei

Abb. 2: Doppelhandgriff

Abb. 3: Schraubzwinge

Achten Sie auch auf die Dauer des Händedrucks. Nichts ist unangenehmer als jemand, der Ihre Hand nicht mehr loslässt. Ein bis zwei Sekunden ist die optimale Dauer. Hände werden einander gereicht, nicht geschüttelt.

Wenn Sie merken, dass Sie feuchte Hände haben, versuchen Sie die rechte Hand unauffällig zu trocknen, z.B in dem Sie so tun, als würden Sie einen kleinen Fussel auf Ihrem Anzug entfernen. Achten Sie darauf, dass Sie nicht eine Hand in der Hosentasche haben, wenn Sie jemandem die andere Hand geben.

Jeder bekommt Ihre Hand!

Wenn Sie einer Person in einer kleineren Gruppe die Hand zur Begrüßung gereicht haben, bleiben Sie dabei und geben Sie jedem dieser Runde Ihre Hand. Es könnte sich sonst jemand zurückgesetzt fühlen.

In größeren Runden begrüßen Sie denjenigen zuerst, der Sie eingeladen hat. Jetzt ist es an ihm, Sie den anderen Teilnehmern vorzustellen.

Es gibt Situationen, in denen die Gruppe so groß ist, dass ein Händegeben zu zeitaufwendig wird. Hier ist oft ein begrüßendes Zunicken, verbunden mit einem verbalen Gruß in die Runde, ausreichend.

Wie halten es ausländische Geschäftspartner mit dem Handschlag?
In England gibt man sich außer bei der ersten Vorstellung selten die Hand. Es gilt der Leitspruch »Don't touch personal things«. Auch in den USA wahrt man größere körperliche Distanz als in Deutschland. Eine Begrüßung mit Handschlag ist dort eher unüblich.

Küssen verboten!
Die Begrüßung mit Küsschen ist im deutschen Geschäftsleben tabu. Dasselbe gilt in Italien, Frankreich und der Schweiz. Allein im Privatleben tauscht man hier Bussis aus. In Italien ist eventuell zu erleben, dass bei Weihnachtsfeiern Küsse unter guten Freunden ausgetauscht werden. Aber niemals beim ersten Treffen. Angefangen wird hierbei auf der rechten Wange und eine leichte Berührung ist dabei nicht unschicklich. Berührung beim Begrüßungsküsschen ist in Frankreich übrigens nicht erwünscht.

In Russland küssen sich auch die Männer, aber nur, wenn Sie sich gut kennen. In Spanien praktizieren die Männer die etwas abgeschwächte Form einer Umarmung.

In den baltischen Ländern ist im geschäftlichen Umfeld ein Händedruck zur Begrüßung üblich. Weitere Berührungen werden als Eindringen in die persönliche Distanzzone empfunden. Üben Sie Zurückhaltung im gesamten Auftreten, man gibt sich eher skandinavisch kühl.

Immer in die Augen schauen
Zu Ritterzeiten wurden die Visiere hochgeklappt, um zu zeigen, dass man in friedlicher Absicht kommt. Also gilt: Sehen Sie Ihr Gegenüber an. Nehmen Sie auch Ihre Sonnenbrille ab, wenn Sie jemanden begrüßen. Während eines Händedrucks wirkt es übrigens sehr unfreundlich, sein Gegenüber nicht anzusehen und ein Gespräch mit einem Dritten weiterzuführen.

Sollten Sie im Winter einem Bekannten auf der Straße die Hand geben, ziehen Sie Ihren rechten Handschuh aus, falls er keine Handschuhe trägt. Haben beide Handschuhe an, brauchen Sie diese nicht auszuziehen, um sich die Hand zu geben.

Die Verabschiedung geht vom Ranghöheren aus. Wenn Sie Gast sind, verabschieden Sie sich vom Gastgeber. Die Verabschiedung beinhaltet das gesprochene »Auf Wiedersehen« sowie den Handschlag zum Abschied. Auch hier gilt die gleiche Regel wie bei der Begrüßung.

2.3 Sich vorstellen und untereinander bekannt machen

Was das Vorstellen und Bekanntmachen betrifft, so gibt es grundlegende Unterschiede zwischen den privaten und den geschäftlichen Gepflogenheiten. Im Berufsleben sprechen wir vom Vorstellen, im privaten Bereich vom Bekanntmachen.

Wer stellt wen vor?
Grundsätzlich gilt: Die wichtigere Person sollte als Erste erfahren, um wen es sich handelt. Wer ist nun die wichtigere Person? Im Berufsleben ist es der Ranghöhere, der Kunde, der Gast usw. Im Privatleben zählen die/der Ältere und die Dame zu den wichtigeren Personen.

Tipp !

In altertümlich-galanten Floskeln wie »Verehrteste, darf ich vorstellen ...?« oder »Wenn Sie gestatten ...« sprachen wohlerzogene Männer in früheren Zeiten. Verzichten Sie darauf, wenn Sie sich nicht lächerlich machen wollen.

Nicht nur im Beruf, sondern auch im Privatleben ist es eine höfliche Geste, einem ausländischen Gast einen Inländer vorzustellen. Dies bedeutet auch im Sinne alter Vorstellungsriten, dass der Ausländer »höher gestellt« ist. Aus dem gleichen Grund können sich auch Kunden geehrt fühlen, wenn ihnen der Chef vorgestellt wird.

Eine einzelne, neu hinzukommende Person sollte einer Gruppe bekannt gemacht werden, das gilt für Privat- und Berufsleben gleichermaßen.

Sobald Sie sich in einer geschäftlichen Situation befinden – und hierzu gehört auch das Geschäftsessen oder die Weihnachtsfeier mit Begleitung –, wenden Sie die geschäftlichen Vorstellungsregeln an. Hierzu zählt auch, dass die Begleitung dann Ihre Geschäftsposition übernimmt. Treffen Sie also auf Ihren Chef mit Partnerin, sollte Ihr Chef zuerst erfahren, wer die ihm unbekannte Person (Ihr/e Partner/in) ist. Anschließend wird er Sie und Ihren Partner seiner Frau vorstellen.

Korrekte Vorstellung !

Sie stehen im Flur mit einer Praktikantin und der Chef (Dr. Müller) kommt vorbei. Nach der verbalen Begrüßung stellen Sie dem Vorgesetzten die Praktikantin vor: »Herr Dr. Müller, ich möchte Ihnen unsere neue Praktikantin Frau Schmidt vorstellen. Frau Schmidt, unser Geschäftsführer Herr Dr. Müller.«

Begrüßung am Tisch
Im Berufsleben gilt heute die Regel, dass alle Sitzenden aufstehen und die Personen begrüßen, die an den Tisch kommen. Sie brauchen so bei der Begrüßung nicht zum Ankommenden aufzublicken. Bieten Sie den dazukommenden Personen einen Sitzplatz an.

Die Selbstvorstellung
Die Selbstvorstellung erfolgt in den ersten Sekunden einer Begegnung und bestimmt daher den ersten Eindruck maßgeblich. Sie sollten diesem Moment also große Beachtung schenken, damit Sie von Anfang an sympathisch auf andere wirken.

Gehen Sie auf die einzelnen Personen zu und nennen Sie jeweils Ihren Namen. Schwierige Namen sollten Sie am besten in »James-Bond-Manier« zwei Mal nennen: »Mein Name ist Bretschlev, Harald Bretschlev.« Sollten Sie sich in einer Gruppe vorstellen, nennen Sie Ihren Namen jeder einzelnen Person. Gehen Sie nicht davon aus, dass alle Ihren Namen gehört haben, wenn Sie ihn dem Ersten genannt haben.

Eine Selbstvorstellung ist oft eine Gesprächseröffnung. Nennen Sie hier keine eigenen akademischen Grade oder Adelstitel. Vermeiden Sie auch »Herr« oder »Frau« zur Namensnennung zu sagen, sondern sagen Sie einfach:

- »Ich bin [Vorname Name].«
- »Ich heiße [Vorname Name].«
- »Mein Name ist [Vorname Name].«

Erwidern Sie eine Selbstvorstellung nicht mit »Angenehm« oder »Sehr erfreut«, sondern einfach mit der eigenen Vorstellung und dem Tagesgruß. Zusätze wie »Schön, dass wir uns nun endlich persönlich kennenlernen ...« sind durchaus angebracht.

Da bei einer Selbstvorstellung weder akademische Grade noch Adelstitel genannt werden, ist es umso wichtiger, Menschen einander vorzustellen. Bei einer Vorstellung anderer Personen werden diese Titel nämlich ausgesprochen. Also der volle Name mit Titeln wird vorgestellt, damit die fremden Personen sich korrekt anreden können.

! **Übungen**

Übung 7: Stehen Sie als Vorgesetzter immer zur persönlichen Begrüßung auf, wenn Mitarbeiter Ihr Büro betreten?

Übung 8: Sie kommen in einen Meetingraum, in dem bereits einige Personen stehen. Wie begrüßen Sie eine Gruppe, die Sie noch nicht kennen?

Übung 9: Wie stelle ich mich in einer Runde am besten vor?
Übung 10: Wem gebe ich in einer Gruppe die Hand und wem nicht?

2.4 Visitenkarten richtig einsetzen

Visitenkarten waren schon in der viktorianischen Zeit im Einsatz. Damals gab der Besucher dem Butler die Karte, welche auf einem Silbertablett zum Gastgeber getragen wurde. So konnte der Diener den Gast ohne Probleme und korrekter Namensnennung bei seinen Herrschaften anmelden und gab die Karte anschließend dem Gast zurück.

Tipp !

Visitenkarten sind nicht dazu da, Eitelkeiten zu pflegen. Wenn Sie Einfluss auf den Text Ihrer Karte haben, dann verzichten Sie auf hochtrabende Funktionsbezeichnungen, die womöglich noch vollkommen unverständlich sind.

Wann übergeben Sie Ihre Visitenkarte?
Bei einem Geschäftsbesuch geben Sie am besten Ihre Visitenkarte zunächst am Empfang ab. Das vereinfacht die Anmeldung und das Ausfüllen von Besucherausweisen. Nach diesem Prozedere bekommen Sie die Karte zurück. Sie können sie dann später der Person übergeben, die Sie abholt.

Visitenkarten werden auch heute noch zu Beginn eines Besuchs oder Gesprächs ausgetauscht. Geben Sie als Gast Ihre Karte zuerst. Erst danach ist die gastgebende Person dran. Blicken Sie sich beim Überreichen der Karte gegenseitig an. Es gilt als unhöflich, eine Visitenkarte ungelesen wegzustecken.

In Gruppen erhält zuerst die oder der Ranghöchste die Visitenkarte. Ist eine Hierarchie nicht erkennbar, verteilen Sie die Visitenkarten der Reihe nach.

Tipp !

Bei einem Erstmeeting mit vier oder mehr Personen legen Sie die erhaltenen Visitenkarten in der Reihenfolge vor sich hin, wie die Damen und Herren sitzen. Sie vereinfachen sich die Zuordnung der Namen zu den Gesichtern.

Gibt es eine Gruppe von über 15 Teilnehmern, lassen Sie Ihre Karte stecken und geben nur den Personen eine Visitenkarte, die für Ihre geschäftliche Beziehung wichtig sind.

In den meisten Sakkos befindet sich links innen, ganz unten, eine kleine Tasche. Dies ist die Visitenkartentasche. Dort sollten sich stets ein paar Karten befinden, man weiß ja nie, wann man mal eine braucht.

! **Tipp**

Bewahren Sie die Visitenkarten in einer dafür vorgesehenen Visitenkartenschachtel auf. So bleiben Ihre Visitenkarten in einer ansprechenden Form.

Wie geht man im Ausland mit Visitenkarten um?

In Japan wird eine Visitenkarte etwas anders übergeben als in Deutschland oder anderen westlichen Ländern. Hier wird die Karte mit beiden Händen überreicht und dabei eine leichte Verbeugung gemacht. Sie müssen auf jeden Fall die empfangene Karte lesen und erst dann darf sie weggesteckt werden.

Sollten Sie in China geschäftlich oder privat unterwegs sein, werden Sie feststellen, dass Visitenkarten weitaus öfter ausgetauscht werden als bei uns. Eine Seite der Visitenkarte auch in Englisch zu drucken, ist gerade in China durchaus von Vorteil.

In Russland ist es üblich, gleich nach dem Bekanntwerden Visitenkarten auszutauschen. Die geschäftliche Position sollte auf jeden Fall auf der Karte vermerkt sein. Mit grafischen Details, Farbeinsatz sowie Zweisprachigkeit (vorzugsweise Russisch) auf der Visitenkarte beeindrucken Sie bestimmt.

! **Übungen**

Übung 11: Wann übergeben Sie Ihre Visitenkarte bei einem Business-Termin?
Übung 12: Was machen Sie mit der gerade erhaltenen Visitenkarte eines Geschäftspartners?
Übung 13: Wer erhält Ihre Visitenkarte in einer Gruppe von mehreren Geschäftspartnern zuerst?
Übung 14: Wie stellen Sie sich bei einem Kundentermin der Dame am Empfang vor?

2.5 Respekt zollen mit der korrekten Anrede

Wir beschäftigen uns in diesem Kapitel mit der mündlichen Anrede. Die schriftliche Anrede wird in Kapitel 5.2 behandelt.

Die korrekte Anrede besteht aus Herr/Frau Nachname. Nennen Sie Ihr Gegenüber immer beim vollen Namen, sprechen Sie also auch Doppelnamen aus. Vergessen Sie nicht akademische Grade oder Adelstitel.

Wie oft gehört und selbst erlebt, wird in Österreich großer Wert auf die korrekte Anrede gelegt. Hierbei werden Personen z. B. mit »Herr Oberstudienrat« oder »Frau Magistra« angesprochen. Ein einfaches »Frau Schmidt« würde hier nicht ausreichen. Aber: Es ist in Österreich nicht mehr üblich, der Frau den Titel des Mannes zu geben. Frauen werden heute mit ihrem eigenen Titel angesprochen.

Titeltreu in Österreich !

Der österreichische Kommentator Edi Finger 1978 bei der Fußball-Weltmeisterschaft zum Sieg der Österreicher über Deutschland: »I wear narrisch. Krankl schießt ein 3:2 für Österreich! Meine Damen und Herren, wir fallen uns um den Hals, wir liegen uns in den Armen, der Kollege Riepl, der Diplomingenieur Posch, wir busseln uns ab ...«

Akademische Grade

Es wird immer nur der höchste Titel genannt, z. B »Guten Tag Herr Professor Lüdenscheidt«, also nicht »Herr Professor Dr. Lüdenscheidt«. Wenn Sie Professoren generell mit ihrem Professorentitel ansprechen, machen Sie nichts falsch. Auch dann nicht, wenn es sich um einen Professor handelt, dem dieser Titel ehrenhalber verliehen wurde. Bekanntlich wird hier keine Promotion vorausgesetzt. Es wäre also recht peinlich, wenn Sie eine solche Person mit dem Doktortitel anreden würden. Promovierte Akademiker unter sich sprechen sich nicht mit Doktor an.

Wie redet man Diplomaten an?

Botschafter sind die hochrangigsten Vertreter ihrer Länder im Ausland und werden als Exzellenz angesprochen. Kommt ein deutscher Botschafter allerdings nach Deutschland, gilt diese Anrede nicht mehr, sie gilt nur im Ausland. Andere Mitarbeiter von Botschaften bekommen den Titel der Exzellenz nicht, sondern werden mit ihrem Namen angesprochen. Weitere Anreden sind z. B. »Herr Botschafter«, »Herr Konsul« oder auch »Frau Gesandte«.

Und wie steht es mit Vertretern der Kirche?

Exzellenz ist auch die richtige Anrede für einen katholischen Bischof. Wenngleich Exzellenz heute etwas veraltet ist, findet man die Anrede noch im offiziellen Schriftverkehr. Einen evangelischen Bischof spricht man mit »Herr Bischof« an. Weitere kirchliche Würdenträger sind Kardinale, die mit Eminenz angesprochen werden. Andere kirchliche Anreden sind z. B. »Herr Pastor« oder »Herr Vikar«.

Die Rangordnung der kirchlichen Würdenträger ist wie folgt:

1. Papst
2. Kardinal
3. Bischof
4. Pastor/Priester
5. Vikar/Diakon

!

Kleine Adelskunde

Der Adel (althochdeutsch: adal »Geschlecht«, »Abstammung«) ist ein ehemals durch Abstammung und Besitz bevorrechteter Stand. Seit dem 14. Jahrhundert wurde der Adel unter anderem durch kaiserlichen Adelsbrief verliehen. Alle adelsrechtlichen Privilegien wurden durch Art. 109 Abs. 3 der Verfassung des Deutschen Reiches vom 11. August 1919 (RGBl. S. 1383; sogenannte Weimarer Reichsverfassung) aufgehoben.

Seit 1919 werden die Adelstitel

- Herzog
- Fürst (Durchlaucht)
- Graf
- Freiherr oder Baron
- Ritter
- Edler
- und das bloße »von«

nicht mehr verliehen; sie sind in Deutschland nur noch Teil des Namens.

Namen, die ehemalige Adelstitel beinhalten, werden mitgenannt. Hier sollten Sie aber Folgendes beachten. Sie sagen:

- »Guten Tag, Herr von Münchhausen«, aber:
- »Guten Tag, Baron Münchhausen«

Sobald ein Baron oder Graf vor Ihnen steht, lassen Sie das Frau/Herr weg. »Herr Baron« sagten früher nur die Angestellten und drückten damit ihre Untertänigkeit aus.

Bei der Anrede eines Freiherrn oder einer Freifrau fällt die Bezeichnung Freiherr bzw. Freifrau weg, die korrekte Anrede lautet »Herr/Frau von XY«. Adelige lassen meistens die Titel bei ihrer Selbstvorstellung wegfallen und stellen sich dann nur als »Münchhausen« vor. Sie dürfen aber bei der Anrede den Adelstitel erst weglassen, wenn er Ihnen erlassen wird. Gleiches gilt auch für den akademischen Grad.

Anredeformen wie »Königliche Hoheit«, »Hoheit«, »Durchlaucht« und dergleichen haben keine rechtliche Grundlage.

> **Tipp**
> Da Sie aufgrund der Selbstvorstellung eines Adeligen oder Titelträgers nicht wissen, dass er einen Namenszusatz hat, sollten Sie beim Überreichen seiner Visitenkarte diese genau lesen und spätestens ab diesem Zeitpunkt den Titel mitnennen. Wird Ihnen ein Titelträger von einem Dritten vorgestellt, sollte dieser den Titel auf jeden Fall mitnennen.
> Die korrekte Formulierung von Anschriften, Anreden und Schlussformeln aus den Bereichen Politik, Diplomatie, Religion und Adel lässt sich in einer Broschüre des deutschen Innenministeriums nachlesen, die unter www.protokoll-inland.de verfügbar ist.

Allgemeines zur Anrede

Wenn Sie einmal den Namen einer Person genannt bekommen haben, sollten Sie sich diesen möglichst merken. Wiederholen Sie am besten sofort nach der Vorstellung den gehörten Namen, dann bleibt dieser länger im Gedächtnis. Fällt Ihnen der Name nicht ein, fragen Sie ruhig direkt noch einmal nach, bevor Sie versuchen, die Namensnennung zu umgehen. Möglich ist hier z.B.:

- »Ich kann mich noch an unser letztes sehr interessantes Gespräch erinnern, aber leider habe ich Ihren Namen vergessen.«
- »Jetzt habe ich doch Ihren Namen vergessen. Verraten Sie mir noch einmal, wie Sie heißen?«

Vielleicht gibt es auch die eine oder andere Eselsbrücke, um sich dann den Namen zu merken.

2.6 Siezen oder duzen?

Zu Zeiten des Frühmittelalters (um 500 n. Chr.) war das »Du« die gängige Anredeform. Erst im 9. Jahrhundert wurde das »Ihr« für hochrangige Personen eingeführt. Bis zum 17. Jahrhundert waren das »Du« und »Ihr« als Anrede gebräuchlich. Das »Du« wurde unter Vertrauten, das »Ihr« als respektvolle Anrede für Fremde benutzt. Im 17. Jahrhundert kam eine weitere Anredeform für höher gestellte Personen hinzu. Die dritte Person »Er« und »Sie« wurden jetzt als Differenzierung von Höhergestellten eingeführt (»Verzeih Sie mir meine Frage ...«). Diese Anrede hielt sich zwei Jahrhunderte und wurde später oft ins Lächerliche gezogen.

Erst im 19. Jahrhundert kam die bekannte Anrede der dritten Person Plural auf, die schon ähnlich zu Römerzeiten in der zweiten Person existierte. Das Plural-Sie verdrängte somit das alte »Ihr«. So existierten nur noch zwei Anreden im 19. Jahrhundert: Das »Du« für bekannte Personen und das »Sie« für fremde

Personen, was wir heute noch kennen. Ein »Du« an falscher Stelle wurde schnell als Beleidigung aufgefasst.

In Deutschland gibt es heute noch die Unterscheidung zwischen intimem Duzen und distanziertem Siezen. Hingegen ist in fast allen anderen Nationen das Duzen auch für fremde Personen gebräuchlich.

Im heutigen Geschäftsleben breitet sich die Duz-Kultur aus. Wer darf nun aber wem das »Du« anbieten? Es gilt hier die gleiche Regel wie auch beim Händedruck und anderen Situationen im Geschäftsleben. Der Ranghöhere darf entscheiden, wem er wann das »Du« anbieten möchte. Bei gleichem Rang bietet der Dienstältere, also die Person die länger im Unternehmen ist, das »Du« an.

Ein »Du« darf man ablehnen

Der Ranghöhere darf entscheiden, wem er wann das »Du« anbieten möchte. Ein Duzangebot darf abgelehnt werden. Dies kann der Fall sein, wenn Sie selber das Duzen für unpassend empfinden oder Ihnen Ihr Gesprächspartner unsympathisch ist. Rechnen Sie dann aber auch damit, dass Ihnen in diesem Fall das »Du« nicht wieder angeboten wird. Wir empfehlen deshalb, das Angebot nicht komplett abzulehnen, sondern herauszuschieben. Dies kann so klingen: »Vielen Dank für das Vertrauen. Im Moment/vorerst/bis zum Projektende wäre es mir jedoch lieber, wir würden beim Sie bleiben.«

Es gibt heutzutage eine Mischform, die vielleicht eine gute Alternative zum Duzen ist. Personen werden mit dem Vornamen angesprochen, aber trotzdem gesiezt: »Christina, können Sie mir bitte den Ordner geben?« Dies ist nicht zu verwechseln mit »Frau Meier, kannst du mal …?« Sie wirken dadurch modern und locker, zeigen aber immer noch etwas Distanz und den erwarteten Respekt.

! **Tipp**

In Verhandlungen mit englischsprachigen Partnern könnten sich diese darüber wundern, dass Sie Ihren Vorgesetzten siezen. Klären Sie mit Ihrem Vorgesetzten ab, ob Sie sich für die Dauer der Verhandlung untereinander duzen und ihn/sie mit Vornamen ansprechen wollen. Nach der Besprechung kehren Sie selbstverständlich zum »Sie« zurück.

Im Privatleben gilt heute noch: Der Ältere bietet das »Du« an. Die Regel, dass nur Herren das »Du« anbieten, ist überholt. Auch Frauen entscheiden heute, mit wem sie sich duzen möchten. Für ein »Du« reicht ein Handschlag aus. Verzichten Sie im Berufsleben auf das Brüderschaft trinken und den Kussaustausch. Sollten Sie Jugendliche duzen, fragen Sie, ob sie damit einverstanden sind. Oft vertut man sich heute nämlich mit dem Alter.

Tipp

!

Sollte Ihr Chef oder Ihre Chefin Ihnen in Trinklaune das »Du« anbieten, überhören Sie es besser. Denken Sie immer daran, dass Ihnen spätestens am nächsten Arbeitstag wieder die »alten« Kollegen und Vorgesetzten gegenübersitzen. Achten Sie jetzt auf einen sachlichen Umgangston. Werden Sie aber erneut darauf hingewiesen, dass Sie sich auf das »Du« geeinigt haben, ist es tatsächlich ernst gemeint und Sie können es selbstverständlich annehmen.

Anrede unter Kollegen

»Frau Meier, kannst Du mal ...?« Wie oft haben wir das schon gehört! Und hat es uns nicht noch lange in den Ohren geklungen? Es gibt Unternehmen, in denen alle Mitarbeiter geduzt werden – vom Pförtner bis zum Geschäftsführer. Es gibt aber auch Unternehmen, die eine strenge Siez-Kultur haben. Ob nun geduzt oder gesiezt wird, ist stark branchenabhängig. So kann man feststellen, dass Unternehmen der IT-, Medien- oder Design-Branche und insbesondere amerikanische Unternehmen in Deutschland eher eine Duz-Kultur pflegen. Unternehmen, die starke Hierarchien haben wie Banken, Versicherungen und die Automobilindustrie, tendieren eher zu einer Siez-Kultur. In beiden Fällen passen Sie sich automatisch den Gegebenheiten an und siezen so lange Ihren Vorgesetzten, bis er Ihnen das »Du« anbietet.

Was ist nun aber, wenn Sie sich mit einem Kollegen duzen und in einem Kundengespräch sind? Hier gilt die Regel, dass Sie Ihren Kollegen bei direkter Ansprache mit Vornamen anreden, wenn Sie aber über ihn sprechen, die dritte Person nutzen. Also: »Frau Meier hat einen Bericht zum Thema Projektmanagement erstellt. Sie wird uns diesen heute präsentieren.« Und zu Ihrer Kollegin gewandt sagen Sie: »Jutta, kannst Du uns bitte diese Präsentation vorführen ...?«

Unterbrechen Sie andere nicht

Lassen Sie Ihren Gesprächspartner immer ausreden. Andere nicht ausreden zu lassen ist einer der häufigsten Benimmfehler. Sollte Ihr Gegenüber allerdings einen endlosen Monolog halten, können Sie durch geschickte Zwischenfragen das Gespräch umlenken. Eine Frage wird auch nicht als unhöflich betrachtet, da dies ein Zeichen für aktives Zuhören ist. Sie nehmen Ihren Gesprächspartner ernst. Nutzen Sie auch Denkpausen Ihres Gegenübers. Es gibt Personen, die durch ein langgezogenes »Uuund« Zeit zum Überlegen gewinnen wollen. Hier ist eine gute Möglichkeit, einzuhaken. Weitere Informationen hierzu finden Sie im Kapitel 4 »Small Talk fördert die Geschäftsbeziehungen«.

! **Übungen**

Übung 15: Sie stehen mit einem Kunden im Flur und Ihr Geschäftsführer kommt vorbei. Wer wird wem vorgestellt?

Übung 16: Sind Titel noch zeitgemäß? Wie spreche ich mein Gegenüber korrekt an?

Übung 17: Sie sind im Meeting mit Kunden und Ihrer Kollegin. Wie sprechen Sie Ihre Kollegin, die Sie normalerweise duzen, vor Kunden an?

3 So benimmt Mann sich im Geschäftsleben

Wie der moderne Geschäftsmann höflich und respektvoll mit seinen Mitmenschen umgeht und sich dabei Freunde macht, erfahren Sie in diesem Kapitel. Und nicht nur das. Sie lesen auch, warum Rang und Funktion im Unternehmen heutzutage für die Umgangsformen wichtiger sind als Geschlechtsunterschiede.

Höflichkeit, Respekt, Offenheit im Umgang mit anderen Menschen und die Fähigkeit, elegant mit den eigenen und fremden Fehlern umzugehen, sind die Basis für ein sicheres Auftreten. Respekt lässt sich in vielerlei Weise ausdrücken, ob es nun das Aufhalten der Tür ist oder das Aufstehen bei Tisch. Müssen Sie auch auf Reisen alle landestypischen Umgangsformen beherrschen? Nein, denn wer zu Hause gute Umgangsformen beherrscht, wird im Ausland nicht negativ auffallen. Ein Basiswissen über landestypisches Gepflogenheiten sollten Sie aber haben und sich entsprechend verhalten.

»No ranks, no titles!« wird zwar in vielen US-Unternehmen gepredigt und die Umgangsformen scheinen eher locker zu sein, dennoch herrscht in den USA ein starkes Hierarchiedenken, was Sie nicht unterschätzen sollten.

3.1 Allgemeine Verhaltensregeln

Zu den wichtigsten Verhaltensregeln gehört die Pünktlichkeit. Unpünktlichkeit signalisiert fehlende Wertschätzung, denn man stiehlt anderen etwas Kostbares und Unwiederbringliches: Zeit. Musste jemand auf Sie warten, ist eine Entschuldigung natürlich unverzichtbar. Nennen Sie einen Grund für die Verspätung, denken Sie aber bitte daran, dass die »Im-Stau-gestanden-Geschichte« wenig imagefördernd ist. Stau sollte bei der Anreise einkalkuliert werden. Am besten Sie entschuldigen sich nur für das Zuspätkommen. Seien Sie souverän.

Wenn ein Zuspätkommen unausweichlich ist, informieren Sie bitte die Beteiligten, bevor Sie zu spät eintrudeln. Am besten informieren Sie einen Kollegen, der sich schon am Meetingort befindet. So springt Ihre Nervosität und Hektik nicht auf die ganze Gruppe über. Wollen Sie sich nur mit einer Person treffen, informieren Sie diese direkt über Ihr Zeitproblem. Jetzt kann Ihr Geschäftspartner oder seine Assistenz die Zeit bis zu Ihrem Kommen noch sinnvoll nutzen.

Im Ausland erwartet man den pünktlichen Deutschen
Im Ausland wird gerade von Deutschen erwartet, dass Sie pünktlich sind. Korrektheit und Genauigkeit gehören zu ihrem Image. Enttäuschen Sie Ihre ausländischen Geschäftspartner also nicht, indem Sie zu spät kommen.

Auf Pünktlichkeit wird vor allem im Norden Europas großer Wert gelegt. Das Wochenende ist für das Geschäftliche absolut tabu und Termine nach 16:00 Uhr sind nicht gern gesehen. Die Dänen werden auch ungerne in der Mittagspause von 11:30–14:30 Uhr sowie in den Monaten Juli und August mit Geschäftlichem gestört. Sie werden sich wahrscheinlich auch schwer tun, überhaupt einen Skandinavier in der Sommerzeit anzutreffen. Die meisten Firmen schließen sechs bis acht Wochen im Sommer, um die im Norden doch so seltene Sonne zu genießen.

Das spanische Geschäftsleben beginnt meist erst um 9:30 Uhr und eine Siesta von 13:30–15:30 Uhr ist durchaus üblich. Auch wenn Sie wissen, dass man bei der spanischen Pünktlichkeit mit einer knappen halben Stunde Verspätung rechnen muss, kommen Sie dennoch zu Terminen pünktlich.

In Japan und China ist pünktliches Erscheinen zu Geschäftsterminen ein Muss. Höflichkeit, Pünktlichkeit und Geduld sind Hauptbestandteile der geschäftlichen und privaten Umgangsformen in Asien. Am wichtigsten ist es aber, sein Gesicht nicht zu verlieren.

Gäste im Unternehmen empfangen
Wenn Sie Gäste in Ihrem Unternehmen vom Empfang abholen, gelten folgende Regeln: Je höher und wichtiger der Gast, desto hochrangiger der Abholer. Versuchen Sie nebeneinander zu gehen und Ihrem Gast leichte Hinweise zu geben, in welche Richtung es geht. Dabei geht Ihr Gast auf Ihrer rechten Seite. Ist der Flur zu schmal, übernehmen Sie mit einer kurzen Bemerkung wie »Ich gehe mal voraus« die Führung. Versuchen Sie leicht versetzt zu gehen, damit Sie jetzt schon den ersten Small Talk halten können.

! **Tipp**

Damit Ihr Empfangsteam immer den besten Eindruck hinterlässt, informieren Sie es über den erwarteten Besuch. Stellen Sie heraus, dass dieser Besuch von großer Wichtigkeit für das Unternehmen ist. Das Empfangsteam wird besonders motiviert sein und der Gast sich herzlich willkommen fühlen.

Ist die Besprechung vorüber, begleiten Sie Ihren Besuch wieder zurück zum Empfang. Lassen Sie ihn nicht den Weg allein zurückgehen–sei er auch noch so kurz – in der Hoffnung, dass er ihn sich gemerkt hat. Schließlich geht es auch um die Sicherheit Ihrer Unternehmensdaten, die eingesehen werden könnten. Auch zuhause bleiben Sie nicht auf dem Sofa sitzen, sondern bringen die Gäste bis zur Ausgangstür.

3.2 Türen, Aufzüge, Treppen und mehr

Kennen Sie die Situation: Sie gehen mit mehreren Kollegen und einem Vorgesetzten auf eine Tür zu. Sie möchten weder als unhöflich noch als unterwürfig gelten. Wer hält nun wem die Tür auf? Und wie funktioniert dies bei den unterschiedlichsten Türen?

Drehtür

Ist bei einer Drehtür das Abteil so gedreht, dass man sofort einsteigen kann, geht der Ranghöchste zuerst hinein. Kann die Drehtür nicht bequem betreten werden, wird diese von einem Junior-Angestellten, dem Gastgeber oder der »stärkeren« Person so positioniert, dass der nächste »einsteigen« kann. Er wartet, bis diese Person die Abteilung dahinter betritt und fängt dann an, die Drehtür zu drehen. Funktioniert natürlich nicht bei automatisch rotierenden Türen!

Türen

Türen, die Sie drücken, werden von dem Rangniederen oder dem Gastgeber geöffnet. Er geht durch und hält den Nachfolgenden die Tür von außen auf. Achten Sie dabei darauf, dass Sie nicht im Türrahmen stehen bleiben. Lassen Sie dem Ranghöheren so viel Platz, dass er, ohne Sie zu berühren, durchgehen kann. Kommen Sie also nicht auf die Idee, die Tür mit der Hand aufzustoßen, um dann zu versuchen, den Gast an sich vorbeigehen zu lassen. Diese Aktion ist nicht nur anstrengend, weil Sie sich leicht verkrampfen, wenn die Tür wieder zurückfällt. Es sieht auch merkwürdig aus und derjenige, der durch die Tür will, muss sich erst an Ihnen vorbeizwängen.

Für Türen, die Sie aufziehen, ist die Regel einfach. Der Rangniedere hält dem Ranghöheren die Tür auf und geht dann als Letzter durch die Tür.

Tipp !

Als ranghöherer Mann dürfen Sie entscheiden, ob Sie eine Mitarbeiterin vorgehen lassen möchten. Dann ergreifen Sie selber die Tür als Erstes, eventuell sogar mit einem Kommentar wie »Ladies first«.

Sind Sie mit Mitarbeitern gleichen Ranges unterwegs, ist es durchaus gängig, sich abwechselnd die Tür aufzuhalten. Übergeben Sie hierbei einfach die Tür einem folgenden Kollegen, indem Sie ihn anschauen und sich zum Durchgehen vorbereiten. Jetzt wird der Kollege die Tür übernehmen müssen und sie für die nachfolgenden Kollegen aufhalten.

Aufzug

Auch das Betreten des Aufzugs erfolgt in einer gewissen Reihenfolge. Der Ranghöhere oder Gast betritt den Fahrstuhl als Erster und sollte ihn auch zuerst wieder verlassen. Frauen können Sie ebenfalls den Vortritt lassen, wenn Sie möchten. Ist die Frau allerdings nicht Gast, betritt der Gast zuerst den Aufzug, die Frau folgt dann direkt danach.

Ist der Fahrstuhl allerdings so klein bzw. voll, dass die Regel »first in, first out« mit Gerangel verbunden ist, lassen Sie die zweite Regel fallen und gehen der Reihe nach aus dem Fahrstuhl, wie es gerade am bequemsten geht.

Treppen

Auf der Treppe geht im Alltagsleben der Mann hinter der Frau die Treppe hinauf, um sie bei einem eventuellen Sturz aufzufangen. Hinunter geht er zuerst, um Gleiches tun zu können, wenn sie stürzen sollte. Man sollte stets hintereinander die Treppe benutzen, da der Unfallschutz in den Unternehmen dies so vorgibt. Im Geschäftsleben ersetzen Sie die Dame durch den Ranghöheren oder Gast. Also auch Frauen sollten hinter den Gästen im Unternehmen die Treppen hoch und vor den Gästen hinunter gehen.

- Rangniedere öffnen und halten Türen für Ranghöhere.
- Türen werden für Gäste und Kunden aufgehalten.
- Menschen mit Behinderungen helfen wir beim Eintreten.

! **Rücken können nicht entzücken**

Einem Japaner den Rücken zudrehen gilt als beleidigend. Ebenso wenig sollten Sie einem Japaner die Fußsohlen entgegenstrecken.

! **Übungen**

Übung 18: Sie stehen mit Ihrem Chef und einer Kollegin vor dem Fahrstuhl. Wer geht zuerst hinein?
Übung 19: Welche Signale sind ausschlaggebend für den ersten Eindruck?
Übung 20: Sie sitzen mit Ihrem Chef und einem Kunden im Meetingraum. Ihre Assistentin bringt den Kaffee. Wer wird zuerst bedient?

3.3 Sitzen, stehen und gehen als Mann

Es gibt Geschäftsmänner, die mit ihrer Haltung ausdrücken: »Platz da, hier kommt eine wichtige Persönlichkeit!« Sie werfen sich in die Brust, wippen leicht in den Knien und haben den breitbeinigen Schritt lässiger Cowboys. Andere wiederum sehen in ihren Anzügen verloren und mickrig aus, weil sie ihre Schultern hängen lassen und der Kopf am liebsten im Hemdkragen verschwinden würde. Bedenken Sie, dass die Körperhaltung für einen ersten guten Eindruck eine wichtige Rolle spielt. Mit Ihrer Haltung drücken Sie Ihre Einstellung und Ihre Gefühle aus. Wenn Sie stehen, positionieren Sie Ihre Beine locker nebeneinander. »Brust raus, Schultern nach hinten« gilt auch für die perfekte Haltung im Geschäftsleben. Am leichtesten bekommen Sie eine gute Haltung, wenn Sie den Kopf nach oben nehmen. Das streckt automatisch den Rücken. Drücken Sie die Schultern leicht nach unten. Vermeiden Sie ein extremes Hohlkreuz ebenso wie eingefallene Schultern. Sie sollten weder stocksteif noch stolzierend wirken. Ertappen Sie sich ab und zu bei einer eingefallenen Haltung, korrigieren Sie sich bewusst. Ihr Rücken wird es Ihnen danken.

Achten Sie beim Gehen darauf, dass Sie einen aufrechten, zügigen Gang haben. Ihr äußeres Erscheinungsbild wird durch einen schleppenden oder taumelnden Gang stark beeinträchtigt. Achten Sie darauf, die Füße voreinander zu setzen. Drehen Sie die Füße nicht nach außen oder innen. Einen geraden Gang können Sie übrigens üben, indem Sie Bücher auf dem Kopf balancieren.

Vermeiden Sie, in der Öffentlichkeit zu laufen oder zu rennen. Sollten Sie öffentliche Verkehrsmittel aber nur so erreichen, führt kein Weg daran vorbei. Versuchen Sie beim nächsten Mal einfach mehr Zeit einzuplanen.

So sieht die gerade Körperhaltung aus !

Sie stehen mit leicht geöffneten Beinen und lassen den Oberkörper nach vorne fallen, so dass Ihr Kopf zwischen den Armen hängt. Nun kommen Sie ganz langsam, indem Sie Wirbel für Wirbel aufrollen, wieder hoch. Jetzt richten Sie die Schultern auf und als Letztes kommt langsam der Kopf nach oben. Jetzt sollten Sie eine gerade Körperhaltung haben. Schauen Sie nach rechts und links und genießen Sie diese Haltung. Sie stehen jetzt in Ihrer ganzen »Pracht« im Raum. Gehen Sie ein paar Schritte und verinnerlichen Sie diese Haltung.

Sitzhaltung

Egal ob beim Meeting oder in Ihrem eigenen Büro: Sie sollten möglichst aufrecht auf Ihrem Stuhl sitzen. Das tut nicht nur Ihrem Rücken gut, sondern auch Ihrem Image. Mit einer aufrechten Körperhaltung wird Souveränität verbunden. Um eine gerade Sitzhaltung zu erreichen, bekam man früher einen Stock hinter den Rücken gespannt, der in den Armbeugen gehalten wurde. Auf solche Methoden verzichten wir heute lieber. Achten Sie einfach darauf, dass Ihr Rücken Kontakt mit der Stuhllehne hat.

! **Tipp**

Falls Sie zu den »Breitsitzern« gehören, die gerne mit weit gespreizten Knien und nach hinten gekipptem Oberkörper auf dem Stuhl hängen: Führen Sie die Beine zusammen. Es sieht einfach besser aus.

Die optimale Sitzhaltung

Eine entspannte Sitzvariante, die Sie oft bei Herren beobachten können, ist das Überschlagen der Beine, indem ein Bein waagerecht auf dem anderen abgelegt wird. Das ist nicht gestattet. Am besten stehen die Beine fest auf dem Boden nebeneinander. So haben Sie Bodenkontakt und strahlen Sicherheit aus. Sollte dies auf Dauer zu anstrengend werden, können Sie die Füße hintereinander stellen oder die Füße leicht vergrätschen. Bedenken Sie aber, dass andere Ihre Körpersprache lesen können.

Was man oft bei Männern beobachten kann, ist ein Nach-hinten-Lehnen mit verschränkten Händen hinter dem Kopf. Dies mag wohl eine gewisse Lässigkeit ausdrücken, ist aber keine angemessene Sitzhaltung. Das Strecken und Räkeln nach einer langen Besprechung ist auf jeden Fall entspannend für Ihren Körper, aber zu ausladende Bewegungen sind deplatziert.

Kommen wir zum Kippeln. Wer mit dem Stuhl kippelte, wurde schon in der Schulzeit ermahnt. Es gibt auch heute kein gutes Bild ab, sollten Sie während eines Meetings hin- und herwippen.

Stellen Sie sich vor, Ihr Vorgesetzter kommt in Ihr Büro, während Sie zurückgelehnt und entspannt am Telefon sitzen. Mit wem sprechen Sie eigentlich gerade? Auch für das Telefonieren gelten bestimmte Regeln. Mehr dazu später.

Werden Sie zu Verhandlungen in islamische Länder eingeladen, achten Sie besonders streng auf die Etikette. In arabischen Ländern ist es unhöflich, dem Gegenüber die Schuhsohlen zu zeigen, denn der Boden und die Schuhe gelten als schmutzig.

3.4 Halten Sie den richtigen Abstand

Wir alle kennen diese Situationen, wenn die Menschen um uns herum uns viel zu nah sind: Im Aufzug, in der vollen U-Bahn oder an der Supermarktkasse. In diesen sogenannten Crowding-Situationen (von Englisch »crowd«: Gedränge, Menschenmenge) fühlen wir uns meist nicht nur körperlich, sondern auch psychisch unangenehm bedrängt. Es gibt gewisse Distanzen, die Sie deshalb Ihrem Gegenüber einräumen sollten. Man unterscheidet folgende Abstände:

- Die intime Distanz (0–0,5 Meter)
  unter Freunden, Liebenden
- Persönliche Distanz (0,5–1,5 Meter)
  unter Familienmitgliedern z.B. beim Esstisch, im Gespräch oder bei der Begrüßung per Handschlag
- Gesellschaftliche Distanz (1,5–4 Meter)
  unter Fremden, wenn wir den Abstand wählen können, z.B. auf dem Bahnsteig
- Öffentliche Distanz (ca. 4 Meter)
  unter Fremden, mit denen man keinen Kontakt wünscht

Sie werden schnell merken, ob Sie jemandem zu nahe gekommen sind, und spüren sicherlich auch bei sich selbst, wenn Ihnen jemand auf die Pelle rückt.

Tipp !

Achten Sie darauf, dass Sie Frauen gegenüber immer einen angemessenen Abstand einhalten. Zu große körperliche Nähe oder gar körperlicher Kontakt könnten als sexuelle Belästigung empfunden werden.

Distanzen gelten auch für den Schreibtisch Ihres Kollegen. Lehnen Sie sich nicht über jemanden, der an seinem Schreibtisch sitzt. Warten Sie auf eine Einladung, gemeinsam auf den Bildschirm zu schauen. Oft werden Sie auch feststellen, dass Kollegen den Bildschirm »freigeben«, so dass immer eine Distanz gewahrt bleibt. Machen Sie sich Ihre Distanzzonen bewusst und verhalten Sie sich entsprechend. Dann liegen Sie genau richtig.

Rückt Ihnen jemand auf die Pelle, können Sie sich durch den Einsatz von Gestik im Gespräch Raum verschaffen. Bieten Sie einen Sitzplatz an oder schlagen Sie vor, einen anderen Ort (z.B. Büro, Kaffeebar oder Meetingraum) aufzusuchen, wenn es sich anbietet. Während des Gehens löst sich die »Distanzverletzung« auf.

! **Flucht vor zu viel Nähe**

In Südamerika sind die Distanzzonen geringer ausgeprägt als in Mitteleuropa. In einem brasilianischen Reitclub hatten derartige Missverständnisse zwischen Mitteleuropäern und Nordamerikanern schmerzhafte Folgen: Ein Schreiner musste das Geländer einer Veranda erhöhen, weil immer wieder Nordamerikaner und Nordeuropäer rücklings hinunter gestürzt waren. Ihre südamerikanischen Pferdefreunde hatten den üblichen »nordischen« Gesprächsabstand von einer Armlänge nicht eingehalten und die Gäste hatten sich unbewusst bedroht gefühlt. Da sie Schritt um Schritt zurückwichen und die Südländer nachrückten, hatte dies fatale Folgen.

Ähnlich problematisch können Begegnungen zwischen kühlen Engländern, die Berührungen praktisch nie zulassen, und Männern aus Puerto Rico sein. Ein puerto-ricanischer Mann wird seinen Gesprächspartner, wie bei Beobachtungen gezählt wurde, bis zu 180 Mal pro Stunde berühren. Für den Briten genau 180 Mal zu oft. Der Engländer wird dem Puerto Ricaner möglicherweise homosexuelle Absichten unterstellen (Quelle: Focus-online vom 02.07.2004).

3.5 Allgemeine Dos and Don’ts

Was Sie tun oder lassen sollten, um sich den Umgang mit anderen Menschen zu erleichtern, lesen Sie in der folgenden Liste.

Dos im Umgang mit anderen Menschen	
Danke, Bitte, Entschuldigung sagen	Der Aufwand ist klein, aber die Wirkung groß.
Gäste zur Tür geleiten	Sowohl im privaten als auch geschäftlichen Bereich ein Muss. Gehen Sie nicht davon aus, dass sich Ihr Gast den Weg zum Ausgang gemerkt hat. Außerdem könnte er ungewollterweise etwas sehen, das nicht für seine Augen bestimmt ist.
Jemandem die Tür aufhalten	Schauen Sie kurz hinter sich, wenn Sie durch eine Tür gehen, und halten Sie anderen Personen, die hinter Ihnen sind, auch die Tür auf – auch wenn Sie sie nicht kennen.
Frauen in den Mantel helfen	Eine nette Geste, die sowohl privat als auch geschäftlich angebracht ist. Achten Sie dabei darauf, den Mantel auf Schulterhöhe der Frau zu halten.
Dankesbriefe in der angemessen Zeit schreiben	Haben Sie Geschenke bekommen, bedanken Sie sich am besten ein bis zwei Wochen nach Erhalt für das Geschenk. So weiß auch der Schenkende, dass es bei Ihnen angekommen ist.

Dos im Umgang mit anderen Menschen	
Sich bei einem Gastgeber ein bis zwei Tage nach einer Einladung für den netten Abend bedanken	Diese Geste ist leider etwas in Vergessenheit geraten. Jeder Gastgeber wird sich darüber freuen, wenn Sie nach einer Feier dem Gastgeber per Telefon, Karte oder E-Mail kurz für den gelungenen Abend danken.
Jemandem einen Platz anbieten	Ob in der U-Bahn oder im Büro: Bieten Sie Gästen, Schwächeren, Schwangeren oder Älteren einen Platz an.
Menschen mit Behinderung und älteren Menschen helfen	Dass wir Menschen mit Behinderung, Alten oder Schwächeren im Alltag helfen sollten, ist selbstverständlich. Manche haben aber Angst oder Scheu, ihre Hilfe anzubieten, denn sie wollen dem anderen nicht unbedingt vermitteln, dass er hilfsbedürftig wirkt. Wenn Sie höflich fragen, ob Sie helfen können, sollte niemand ruppig oder böse reagieren. Und wenn es doch einmal passieren sollte, nehmen Sie es nicht persönlich.
Lächeln	Für ein Lächeln beanspruchen wir weniger Muskeln als für ein grimmiges Gesicht. Probieren Sie es aus – es verändert das Straßenbild und Ihr Umfeld ungemein.

Don'ts im Umgang mit anderen Menschen	
Auf die Straße spucken	Manche Männer spucken im Gehen mal schnell aus. Das ist unhygienisch und unappetitlich. Wenn Mann unterwegs einen schlechten Geschmack im Mund hat, sollte er zum Mundspray greifen.
Sich in den Schritt fassen	Rücken Sie Ihre Hose – oder was sonst noch in Unordnung gekommen ist – nicht in der Öffentlichkeit zurecht.
Frauenfeindliche Witze erzählen	Wenn man es schon nicht lassen kann, dann wenigstens nur in Männergesellschaft.
Frauen mustern	Es gehört sich nicht, Geschäftspartnerinnen, Kolleginnen oder Kundinnen augenrollend zu mustern. Es wäre Ihnen auch unangenehm, wenn eine Frau dies mit Ihnen tun würde.
Zu dicht vor jemandem gehen, so dass er Ihnen ständig in die Hacken laufen muss	Müssen Sie vorgehen, weil Sie beispielsweise den Weg weisen möchten, versuchen Sie schräg vor jemandem zu gehen, damit er seine Schrittlänge nicht zu sehr an die Ihre anpassen muss.
Finger knacken	Diese Fingerübung sollten Sie lieber machen, wenn Sie allein sind. Knackende Finger sind für Zuhörer kein angenehmes Geräusch.

Don'ts im Umgang mit anderen Menschen	
Fingernägel kauen	Die Maniküre Ihrer Nägel sollten Sie grundsätzlich Ihrer Nagelschere überlassen. Es sieht einfach besser aus und irritiert andere auch nicht.
Kaugummi kauen in der Öffentlichkeit	Wir haben noch niemanden gesehen, der kaugummikauend gut aussieht.
Zahnstocher in der Öffentlichkeit benutzen	Ihre Zahnhygiene sollten Sie auf der Toilette betreiben. Entschuldigen Sie sich kurz und entfernen Sie Fleischreste nicht hinter vorgehaltener Hand, sondern in aller Ruhe im Abseits – damit Sie nicht bald im selbigen stehen.
Husten oder niesen, ohne die linke Hand vorzuhalten	Da Sie mit der rechten Hand andere begrüßen, vermeiden Sie es, Ihre Viren mit dem Handschlag zu überreichen.
Jemanden im Gespräch unterbrechen	Ins Wort fallen gehört zu den Fauxpas, die bei Umfragen fast alle als Erstes nennen. Nehmen Sie es sich zu Herzen.
Mit dem Finger auf jemanden zeigen; jemanden anstarren oder einer Person etwas zuflüstern, während andere reden	Dieses Verhalten verunsichert die Personen, die betroffen sind. Nehmen Sie Rücksicht auf Vortragende oder Sprechende. Sie müssen sich konzentrieren und werden so leicht aus dem Konzept geworfen.
Laut lachen	Ist unangebracht. Ebenso das Aufreißen des Rachens, so dass man Ihre Mandeln sehen kann.
Mit der Zunge die Zähne säubern	Jegliche Zahnhygiene gehört nicht in die Öffentlichkeit. Macht Sie jemand aufmerksam, dass Sie etwas zwischen den Zähnen hängen haben, versuchen Sie dies möglichst unauffällig zu entfernen.
Sich häufig kratzen	..., so dass Ihr Gegenüber schon langsam glauben muss, dass er die Flöhe auch bald hat.
Auf den Boden schauen	Sehr unangenehm für den, mit dem Sie gerade sprechen. Sie können gerne Ihre Augen schweifen lassen, wenn Sie überlegen. Sprechen sollten Sie allerdings möglichst mit Ihrem Gesprächspartner. Er kann Sie auch viel besser verstehen, wenn Sie ihn und nicht den Boden ansprechen.

3.6 Wie viel Trinkgeld muss sein?

Wer viel unterwegs ist, trifft auch viel Servicepersonal. Ob in der Bahn, im Hotel oder im Restaurant. Doch dann stellt sich schnell die Frage, wer wie viel Trinkgeld bekommt. Und wie sind die Trinkgeldgepflogenheiten in den unterschiedlichen Branchen? Damit Sie in Zukunft bei Hotel- und Restaurantbesuchen richtig liegen, haben wir einige Tipps für Sie zusammengestellt.

Kennen Sie eigentlich die Bedeutung des englischen Begriffes für Trinkgeld, nämlich »tip«? »Tip« bedeutet: to improve promptness. So wird der eigentliche Sinn des Trinkgeldes klar.

Im Hotel

Der Page erhält einen Euro pro schwerem Gepäckstück, und zwar sobald er das Gepäck auf Ihr Zimmer gebracht hat. Wenn Sie nur eine Nacht im Hotel bleiben, sollten Sie dem Zimmermädchen ein bis zwei Euro hinterlassen, da der Empfang das Trinkgeld oft an das Personal nach einer Quote verteilt. Meist bekommt das Zimmermädchen dann gar nichts ab. Bei längeren Hotelaufenthalten können Sie einen Umschlag (»Für das Personal«) im Zimmer hinterlassen. In diesem Betrag müssen Sie neben dem Zimmerservice auch den Nachtportier, der Ihnen morgens um vier Uhr den Schlüssel überreicht und den Zimmerkellner (falls Sie ihn in Anspruch genommen haben) berücksichtigen. Sie brauchen übrigens nicht bis zum letzten Tag mit dem Umschlag zu warten.

Trinkgeld wird in Deutschland nicht einfach auf dem Tisch liegen gelassen – nur beim Frühstückspersonal (ein Euro) darf man eine Ausnahme machen, wenn man es eilig hat.

Im Restaurant

In einem guten Restaurant sollten Sie fünf bis zehn Prozent des Rechnungsbetrages Trinkgeld geben, bei Bezahlung mit Kreditkarte geben Sie den »Tip« am besten in bar. So muss keine Provision an die Kreditkartengesellschaften abgegeben werden und es erreicht wirklich die Person, die Sie »tippen« wollen.

Sie sollten aber auch Abstriche machen, wenn sich der Service eher durch Unfreundlichkeit als durch Qualität ausgezeichnet hat.

In Taxi, Bahn und Flugzeug

Im Taxi ist ein Trinkgeld üblich und wird sogar erwartet. Bei einer kurzen Strecke ist ein Euro angemessen.

Bekommen Sie in der Bahn von einem freundlichen Zugbegleiter ein Kaffee serviert, halten Sie sich dabei am besten an die allgemein gültige Gastronomie-Faustregel: Zwischen fünf und zehn Prozent vom Rechnungsbetrag sind angemessen. Diese Empfehlung gilt auch im Speisewagen.

Im Flugzeug ist Trinkgeld geben verpönt. Stewardessen und Stewards erhalten kein Trinkgeld im Flugzeug, da sie als Gastgebende an Bord betrachtet werden. Das Personal renommierter Fluggesellschaften ist sogar angehalten, Trinkgelder einer karitativen Einrichtung zu spenden. Auch bei Airlines, die an Bord Getränke verkaufen, ist das Zahlen eines Trinkgeldes nicht üblich.

Trinkgeld für Dienstleister

Liefert Ihr Bote vom Kurierdienst regelmäßig pünktlich seine Päckchen bei Ihnen ab, freut er sich über ein bis zwei Euro pro Sendung. Bei Ihren Müllwerkern bedanken Sie sich zu Weihnachten am besten mit einer Aufmerksamkeit auf der Mülltonne–Geld können Sie ja schlecht hinterlassen. Zuverlässigen Hausmeistern und Putzfrauen sollten Sie an Weihnachten eher ein persönliches Geschenk überreichen, das wertet die Arbeit der wertvollen »Perlen« erheblich auf.

Beim Friseur dürfen Sie pro Leistung einen Euro Trinkgeld geben. Also Waschen durch den Lehrling, der Schnitt vom Meister und Färben durch den Jungfriseur bedeuten drei Euro Trinkgeld.

! **Der Chef bekommt kein Trinkgeld**

Bedient Sie der Chef selbst, bekommt er kein Trinkgeld. Nicht im Restaurant und auch nicht beim Friseur. Ihr Trinkgeld werfen Sie in das Schweinchen, das meist auf der Empfangstheke steht. Es gilt die Regel, das Trinkgeld mit der Frage »Haben Sie eine Kaffeekasse für die Angestellten ...?« dort für die Angestellten zu hinterlassen.

Denken Sie immer daran, dass Servicepersonal oft ein niedriges Grundgehalt hat und von den Trinkgeldern lebt. Seien Sie also großzügig, wenn Sie mit der Leistung zufrieden waren. Begleiten Sie das Geben von Trinkgeld ruhig mit den persönlichen Worten des Lobes. Dies geht dem Empfänger »runter wie Öl«.

Wie viel Trinkgeld ist im Ausland üblich?

Zehn Prozent Trinkgeld sind in Frankreich im Restaurant üblich. Im Gegensatz zu Deutschland wird es beim Verlassen des Restaurants einfach auf dem Tisch liegen gelassen. Auch in Griechenland wird das Trinkgeld, das zwischen fünf und zehn Prozent des Rechnungsbetrages ausmacht, auf dem Tisch liegen gelassen. Eine Rechnung aufzurunden ist eher unüblich.

Kleinstbeträge von 1–20 Cent als Trinkgeld anzubieten, gilt in Spanien und Italien als Beleidigung. In Italien geben Sie kein Trinkgeld. Hier wird automatisch die »Coperta« (das Gedeck) einberechnet. Ein Extra-Trinkgeld gibt es nur, wenn Sie meinen, der Service sei außerordentlich. Italiener zahlen meist kein Trinkgeld – nur Touristen. Im Hotel werden ca. fünf Euro pro Woche für das Zimmermädchen erwartet. Ein Taxifahrer hingegen erwartet kein Trinkgeld.

Trinkgeld beträgt in der Türkei zwischen 10 und 15 Prozent des Rechnungsbetrages. Am besten übergeben Sie dieses in der Landeswährung.

Sehen amerikanische Kellner einen europäischen Gast, reißen Sie sich nicht gerade darum, an seinem Tisch zu bedienen. Europäer sind dafür bekannt, zu wenig oder auch gar kein Trinkgeld zu geben. Kellner bekommen in den USA oft nur den halben Mindestlohn und sind deshalb auf das Trinkgeld angewiesen. Deshalb ist ein Trinkgeld von 15 Prozent des Rechnungsbetrages ein ungeschriebenes Gesetz. Planen Sie diese Tatsache beim Essen mit ein. Ein Trinkgeld in Höhe von 10 oder 20 Dollar kann schnell erreicht sein.

Übungen !

Übung 21: Sie suchen eine wichtige Akte und schauen auf dem Schreibtisch Ihrer kurz abwesenden Kollegin nach. Ist das der richtige Stil?
Übung 22: Wie ist die perfekte Sitzhaltung als Mann im Geschäftsleben?
Übung 23: Sie sind in einer Besprechung und schauen ständig auf Ihre Uhr, da Sie Ihr Flugzeug noch erreichen wollen. Wie verhält man sich stilgerecht?

Bleiben Sie immer auf der Geschäftsebene
Halten Sie Besprechungen in der Öffentlichkeit ab und nicht in einem privaten Rahmen. Halten Sie sich auch an die üblichen Bürozeiten bei der Planung einer Besprechung.

Gehen Sie nicht vorher nach Hause und ziehen sich bequemere Kleidung an. Bleiben Sie in Ihrem Business-Outfit. Halten Sie sich auch an die zu besprechenden Geschäftsthemen.

Rufen Sie eine Kollegin während der Bürozeiten an und nicht am Wochenende oder abends. Egal ob sie verheiratet ist oder nicht.

Mit einer Frau auf Geschäftsreise
Sollten Männer mit Frauen gemeinsam auf Geschäftsreise gehen, verhalten Sie sich so, wie es die Geschäftsregeln im Büro vorschreiben. Anders gesagt: Für andere Reisende oder Restaurantbesucher sollte schnell ersichtlich sein, dass

Sie über Geschäftliches sprechen. Geschäftsreisen sind keine Gelegenheit, bei denen Sie von der Business-Etikette zu privaten Verhaltensregeln wechseln.

!

Auf Reisen gilt: Geschäftliches und Privates trennen

Ein Hotelzimmer ist nicht der ideale Ort, um eine Besprechung abzuhalten. Sollte es aber keine andere Möglichkeit geben, gehen Sie sicher, dass keine persönlichen Dinge von Ihnen herumliegen. Vermeiden Sie nach Beendigung einer Besprechung, gemeinsam auf dem Hotelzimmer noch etwas zu trinken. Verabreden Sie sich besser an der Bar.

In Japan sind die Toiletten nicht abschließbar. Klopfen Sie an und warten Sie dann auf ein Klopfen des anderen. Hören Sie dieses nicht, können Sie die Tür langsam öffnen.

3.7 Auto-Knigge

Als Geschäftsmann werden Sie des Öfteren jemanden in Ihrem Auto mitnehmen müssen oder mit einem Auto bei einem Kunden vorfahren. Ihr Auto ist also Teil Ihres Auftritts. Die Frage ist, wie Sie beim Kunden mit Ihrem Fahrzeug einen guten Eindruck hinterlassen. Gerade wenn Sie im Vertrieb beschäftigt sind, sollten Sie einige Punkte beachten.

Erscheinen Sie möglichst fünf bis zehn Minuten vor dem Meeting am Treffpunkt. Hatten Sie einen langen Anfahrtsweg, können Sie sich nun noch einmal vor dem Meeting sammeln und sich auf das Treffen einstellen. Möglicher Fahrstress sollte jetzt von Ihnen abfallen.

Gehören Sie zu den Männern, die immer ein sauberes Auto haben? Dann müssen Sie keine Angst davor haben, dass ein Kunde spontan bis zur nächsten Stadt mitgenommen werden will. Aber wenn Sie sich an die letzte Autowäsche nicht mehr erinnern können, dann wird es Zeit, den Wagen auf Vordermann zu bringen. Achten Sie stets darauf, wie Ihr Auto im Innenraum aussieht. Quillt der Aschenbecher über? Liegen Tankquittungen, Flaschen oder Verpackungen herum? Der Innenraum sollte so sauber sein, dass Sie jederzeit jemanden mitnehmen könnten, ohne sich zu schämen.

Wie dreckig ist der Wagen von außen? Sicherlich, eine Fahrt in der Winterzeit hinterlässt schnell ihre Spuren. Fahren Sie aber im Sommer mit einem völlig dreckigen Auto durch die Straßen, wirft das kein gutes Licht auf Sie.

Esskultur im Flugzeug

Wird das Essen serviert, merken Sie schnell, dass fürs Speisen wenig Platz vorhanden ist. Nutzen Sie diese Gelegenheit dazu, Ihre Tischmanieren zu perfektionieren. Die Arme bleiben eng am Körper, wenn Sie das Essen zum Mund führen.

Meist wird der Fenstergast zuerst mit Getränken bedient. Bekommt der Passagier am Fenster als Erster etwas zu trinken, muss seine Bestellung nicht über andere Getränke hinweg gereicht werden. Die Getränke der anderen können nicht umfallen. Gleiches gilt auch für das Essen. Reichen Sie das Essen an den Fensterplatzpassagier zuerst durch–es sei denn, er hat ein anderes Essen vorbestellt.

Tipp !

Reisen Sie gemeinsam mit Kollegen, nennen Sie keine Namen, wenn Sie über Kunden oder deren Projekte sprechen, denn Sie wissen nie, wer hinter Ihnen sitzt und mithört. Auch das Lesen vertraulicher Unterlagen oder die Bearbeitung von E-Mails im Flugzeug sollten Sie so gestalten, dass kein anderer Passagier mitlesen kann.

Langstreckenflüge

Während des Fluges sollten Sie Ihre Mitreisenden nicht durch lautes Musikhören oder zu viel Alkoholgenuss belästigen. Gerade ein Langstreckenflug ist für die meisten Menschen anstrengend und trägt nicht unbedingt zur guten Laune bei.

Sie sollten nicht versäumen, viel Flüssigkeit zu sich zu nehmen. Aber bitte nicht nur Alkohol. Auf Langstreckenflügen stehen während der Ruhezeiten Getränke in der Bordküche zur Verfügung, die Sie sich jederzeit holen können.

Vergessen Sie auch nicht, sich zu bewegen. Auf den meisten Flügen gibt es bereits Animationsfilme, die auf die möglichen Gefahren einer Thrombose hinweisen. Keiner wird es Ihnen verwehren, wenn Sie auf dem Gang auf und ab gehen, um so Ihre Portion Bewegung zu bekommen. Möchten Sie aber nicht ständig aufstehen und Ihre Mitreisenden stören, können Sie auch durch kreisende Bewegungen der Füße die Blutzirkulation antreiben.

Bedenken Sie beim Check-in Ihre Platzwahl. Plätze in den ersten Reihen haben auf Langstreckenflügen den Nachteil, dass Mütter mit Babys oder Kleinkindern dort platziert werden. Mit etwas »Lärmbelästigung« sollten Sie dort also rechnen.

Wie verlassen Sie das Flugzeug?

Auch für das Verlassen des Flugzeugs gibt es Regeln. Auf den meisten Flügen verlassen alle Passagiere das Flugzeug über die Fronttür. Manchmal gibt es Dockingstationen, an denen auch hinten die Tür geöffnet wird. Steigen Sie auf dem Vorfeld aus, um mit dem Bus weitertransportiert zu werden, werden meistens auch zwei Türen geöffnet. In jedem Fall geht der zuerst raus, der der Tür am nächsten ist. Das Flugzeug wird also bei Nutzung der vorderen Tür von vorne nach hinten »entladen«. Sind Sie noch nicht fertig zum Gehen, lassen Sie ruhig anderen den Vortritt. Menschen mit Behinderungen wird meist am Schluss geholfen, damit Sie durch Rollstühle oder Gehhilfen den Fluss nicht behindern.

Am Gepäckband

Spannend wird es am Gepäckband. Hier ist oft ein Wettrennen der Gepäckwagen um den besten Platz am Förderband zu beobachten. Gehen Sie mit gutem Beispiel voran und verstellen Sie den Zugang zum Förderband nicht mit dem Gepäckwagen.

Lassen Sie ca. einen Meter Abstand zum Förderband, so können alle ohne Behinderung beobachten, wann ihre Koffer kommen. Haben Sie Ihren Koffer entdeckt, drängeln Sie sich nicht an das Band vor. Sollten Sie Ihren Koffer verpassen, kommt er spätestens nach einer Runde auf dem Gepäckband wieder zu Ihnen. Bleiben Sie höflich und gelassen, auch unter Zeitdruck.

3.9 Gutes Benehmen im Ausland

Wenn Sie einen ausländischen Geschäftspartner zum ersten Mal treffen, fragen Sie netterweise in ein paar Brocken der Landessprache nach, ob er eventuell Englisch oder sogar Deutsch spricht. So zollen Sie dem Gastgeber Respekt.

In den USA unterwegs zu sein ist recht einfach. Beim Einchecken gibt es nur eine Reihe pro Fluggesellschaft, die sich vor den Countern schlängelt. Das bedeutet: »Wer zuerst kommt, wird zuerst bedient.« Haben Sie es allerdings sehr eilig, weil Sie Ihren Anschlussflug bekommen müssen, fragen Sie höflich beim Bodenpersonal nach, ob es eine Möglichkeit gibt, sie vor der ganzen Schlange abzufertigen. Jeder wird dafür Verständnis haben.

Das Zauberwort in den USA ist für alle Gelegenheiten »Excuse me!«, egal ob Sie an jemandem vorbei müssen oder etwas fragen möchten. Sollten Sie versehentlich jemandem auf den Fuß steigen, werden Sie aber ein »I am sorry!«

über die Lippen bringen. Amerikaner legen großen Wert auf ihre »personal bubble« (ihren persönlichen Raum). Vermeiden Sie Berührungen.

Auf das bekannte »Hello, how are you?« brauchen Sie keine ausführliche Auskunft zu geben. Es hat die gleiche Bedeutung wie das »Ca va?« im Französischen und ist eine reine Höflichkeitsfloskel. Ein einfaches »Hello, thank you, I am fine. (And how are you?)« ist mehr als ausreichend.

Chinesen achten sehr darauf, dass niemand sein Gesicht verliert. Versuchen Sie, sich danach zu richten. Wenn Sie durch eine Tür gehen, werden Sie feststellen, dass schon hierbei überlegt wird, wer der Ranghöchste ist. Sollten Sie sich diese Position herausnehmen und als Erster durch eine Tür gehen, kann es sein, dass der ranghöchste Chinese sein Gesicht verloren hat und dies eventuell auch durch Betrübtsein oder Ähnliches zum Ausdruck bringt. Respektvolles Benehmen ist in China ganz besonders wichtig.

Beziehungen sind in China das A und O. Hier kann sogar eine einfache Putzfrau durch ihre Beziehungen höher angesehen sein als ein Manager, der keinerlei soziale Beziehungen hat. Als Ausländer haben Sie allerdings etwas, was die Chinesen gerne hätten: Beziehungen nach Deutschland. Deshalb werden Sie nicht nur einmal nach Ihrer Visitenkarte gefragt. Übergeben Sie die Visitenkarte mit beiden Händen (vgl. Kapitel 2.4). Es lohnt sich, Ihre Visitenkarte in Deutsch und Englisch zu drucken. Visitenkarten werden fast so oft überreicht, wie Sie jemandem die Hand geben.

In England ist es üblich, sich anzustellen und geduldig abzuwarten, bis man dran ist (am Bus-, Flug- oder Bahnschalter). Vordrängeln ist eines der größten Vergehen in England und wird mit bösen Blicken und Kommentaren geahndet.

Gehen Sie nach dem Arbeitstag mit Geschäftspartnern in einen Pub, sollten Sie die Getränke an der Bar bestellen. Warten Sie nicht, dass ein Kellner zu Ihrem Tisch kommt, um die Getränkebestellung aufzunehmen.

Dass Sie in Frankreich mit Englisch oder Deutsch nicht weiterkommen, ist bekannt. Drei Worte Französisch zu kennen, ist also hilfreich und diese sollten auch eingesetzt werden.

Kennt man sich besser, wird man in Frankreich wie auch in Spanien oft herzlich begrüßt. Das kann auch unter Männern zu Umarmungen oder sogar Wangenküssen führen. Im Restaurant sollte man warten, bis einem ein Tisch zugewiesen wird. Sich an einen bereits besetzten Tisch dazuzusetzen, ist unüblich. Trinkgelder sind nicht üblich, wenn Sie aber zufrieden sind, beleidigen Sie niemanden, wenn Sie ein Trinkgeld geben.

Werden Sie in Finnland von einem Geschäftspartner eingeladen, sollten Sie möglichst vor Mitternacht Ihre Heimfahrt angetreten haben. Finnen sind sehr liberal im Umgang, halten lieber Abstand und begrüßen sich meist nur per Handschlag. Essen auf der Straße gilt als unangebracht, es sei denn, Sie essen ein Eis. Lassen Sie Finnen immer aussprechen und warten Sie auch nach dem Satzende ab, ob noch etwas folgt. Finnen sprechen bedächtig und jedes Wort ist wohl überlegt. Das gesprochene Wort hat einen hohen Stellenwert. Etwas nur so daherzureden oder Small Talk wird nicht sehr geschätzt.

4 Small Talk fördert die Geschäftsbeziehungen

Small Talk ist nicht nur im Privatleben, sondern auch im Job wichtig. Die leichte Plauderei über nette Themen sorgt dafür, dass Sie mit Menschen ins Gespräch kommen, die für Sie interessant sind. Wie Sie auf andere zugehen, das richtige Thema finden und worauf Sie speziell im Small Talk mit Frauen achten sollten, lesen Sie in diesem Kapitel.

Als Geschäftsmann muss man gut plaudern können. Nicht selten kommt über das locker-leichte Gespräch ein neuer Kundenkontakt oder ein Auftrag zustande. Bei einem Essen, einer Reise, einem Empfang ist also immer die nette, unkomplizierte Unterhaltung gefragt. Das Problem beim Small Talk ist nur: Man trifft auf unbekannte Menschen und muss die richtigen Worten finden, um das Eis zu brechen. Die Meister des Small Talks finden wir in den USA. Selbst eine Kassiererin im Supermarkt versteht es ausgezeichnet, uns in ein leichtes kurzes Gespräch zu verwickeln, das das Leben angenehmer macht. Auf Kunden spontan zugehen, im Kollegenkreis locker plaudern, ohne zu lästern, unangenehme Schweigeminuten im Lift überspielen–das möchten wir alle können. Doch wie geht das?

4.1 So werden Sie ein Small-Talk-Profi

Nachdem wir bereits nach wenigen Sekunden des Kennenlernens einen ersten Eindruck von einer Person haben, laufen anschließend eine Menge unbewusster Bewertungsprozesse ab. Nach einer halben Minute haben wir die Eindrücke, die ein Mensch bei uns hinterlässt, in innere Schubladen gesteckt: Geht der andere auf mich ein? Zeigt er Interesse an mir? Möchte ich mehr von ihm erfahren?

Wie zeigt man Interesse an anderen?

Indem man Fragen stellt, aufmerksam zuhört und nicht pausenlos von sich selbst redet. Andere sprechen auch am liebsten über sich selbst und genau dieses Wissen können Sie sich zunutze machen. Stellen Sie offene Fragen, auf die Ihr Gegenüber nicht nur mit Ja oder Nein antworten kann. Dies erreichen Sie durch den Einsatz von »W-Fragen«, also Fragen, die mit Wann, Wie, Wo, Was beginnen.

Hören Sie Ihrem Gesprächspartner intensiv zu, zeigen Sie ihm Ihre Aufmerksamkeit. Er wird dies sehr positiv aufnehmen. Halten Sie dabei Blickkontakt und bestätigen Sie seine Worte mit ehrlichem Interesse. So wirken Sie schnell als sympathischer Small Talker.

! **Tipp**

Sprechen Sie nur ernst gemeintes Lob aus. Geheucheltes Interesse erkennt Ihr Gegenüber an Ihren Augen.

Wie beginnen Sie einen Small Talk auf einer Veranstaltung?

1. Finden Sie Gemeinsamkeiten.

Ort, Umfeld und der Anlass, der Sie zur Veranstaltung führt, sind die besten Gesprächsöffner.

! **Tipp**

Hier einige Gesprächsöffner, wenn Sie den Gesprächspartner schon kennen:

- »Wie gefällt Ihnen die Stadt bzw. das, was Sie bisher davon gesehen haben?«
- »Wie sind Sie denn angereist? Mit dem Auto oder mit der Bahn?«
- »Wo werden Sie denn Ostern/den Sommer/Weihnachten verbringen? Haben Sie schon alle Vorbereitungen dafür getroffen?

Sollten Sie die Hobbys bereits kennen:

- »Was macht denn Ihr Handicap beim Golfen?«
- »Wann haben Sie den nächsten Trecking-Urlaub geplant?«
- »Wie war der Tauchurlaub in Ägypten?«

2. Suchen Sie sich mehrere Gesprächspartner.

Gestalten Sie sich den Abend oder eine Veranstaltung doch genau so, wie Sie es möchten: interessant und informativ. Suchen Sie sich ruhig viele Gesprächspartner.

3. Wechseln Sie nach fünf Minuten den Gesprächspartner.

Es ist nicht unhöflich, Unterhaltungen nach kurzer Zeit freundlich zu beenden. Im Gegenteil: Sich nur einem einzigen Gast zuzuwenden, wäre unhöflich. Sie brauchen sich nicht zur Toilette zurückziehen, sondern sagen, wie es ist: »Es hat mich gefreut, Sie kennenzulernen. Ich würde jetzt ganz gerne noch mit ein paar anderen Leuten reden.« und verabschieden sich freundlich. Eine Variante hierzu ist: »Ich sehe gerade einen Kollegen, den ich unbedingt noch begrüßen möchte. Sie entschuldigen mich bitte–wir sehen uns vielleicht noch später?«

Oder Sie reichen den Partner weiter nach dem Motto »Darf ich vorstellen, meine Kollegin Frau Huber. Sie ist übrigens auch vor kurzem aus München hierher gezogen, genau wie Sie ...« Dann gehen Sie, beispielsweise mit den Worten: »Es wird Zeit für mich, einen Happen zu essen. Sie entschuldigen mich sicher ...«

Eine weitere Möglichkeit, den Gesprächspartner zu wechseln, besteht darin, gemeinsam zur Bar oder zum Buffet zu gehen. Auf dem Weg dorthin ergibt sich sicher ein neues Gespräch mit einem anderen Gast. Sollten Sie Interesse haben, mit Ihrem gerade kennengelernten Gesprächspartner in Kontakt zu bleiben, tauschen Sie Ihre Visitenkarten aus. Tun Sie dies aber wirklich nur dann, wenn Sie im Gespräch bleiben wollen. Alles andere ist nicht ehrlich und bringt beiden Seiten nichts.

4.2 Small Talk mit dem Chef

Was tun Sie, wenn Sie Ihren Chef am Samstag beim Einkaufen in der Stadt treffen? Die Straßenseite wechseln? Das wäre nicht so gut. Natürlich grüßen Sie ihn freundlich und warten ab, ob er stehen bleibt und ein Gespräch mit Ihnen beginnt.

Beachten Sie in dieser Situation bitte die Privatsphäre Ihres Vorgesetzten und führen Sie auf keinen Fall ein Gespräch über Geschäftsangelegenheiten mit ihm. Sprechen Sie über das Wetter, das neue Café um die Ecke oder die schwierige Parkplatzsituation in der Innenstadt.

Small Talk mit Vorgesetzten sollte nicht unterwürfig sein, sondern auf Augenhöhe. Aber Vorsicht: Unterschwellig schwingt das Abhängigkeitsverhältnis mit. Denn die Unterhaltung mit Ihrem Vorgesetzten steht immer in einem beruflichen Kontext. Das heißt, Ihre Meinung ist zwar gefragt, sollte aber stets positiv formuliert sein. Wenn Sie sich hierbei bewähren, fördert es Ihre Karriere sicherlich.

4.3 Small Talk mit Kollegen

Wie steht's mit den Flurgesprächen im Büro? Oder mit Unterhaltungen im Lift? Privates ist nicht grundsätzlich tabu. Reden Sie ruhig über sich und gestalten Sie so Ihr Image. Erzählen Sie, dass Sie am Wochenende im Kino waren oder welchen Sport Sie getrieben haben. So stillen Sie die Neugier der Kollegen an Ihrer Person und machen sich sympathisch. Werden Sie aber nicht intim.

Eheprobleme, Gehaltsdiskussionen oder Krankheiten gehören nicht in den Kollegenkreis.

Stellen Sie Ihren Kollegen Fragen und hören Sie aufmerksam zu. Lassen Sie Ihre Gesprächspartner ausreden. Sprechen Sie niemals schlecht über andere, vor allem wenn diese nicht anwesend sind. So werden Sie als sympathischer, höflicher Mensch wahrgenommen und fördern nicht zuletzt auch Ihre Karriere.

Eine Studie des Center for Workforce Development in Massachusetts belegt, dass Firmen vom Small Talk ihrer Mitarbeiter sogar profitieren: 70 Prozent ihres Wissens erwerben Firmenangehörigen durch das alltägliche Schwätzchen auf dem Flur oder in der Kaffeeküche.

4.4 Small Talk mit Geschäftspartnern

Schaffen Sie nach Ankunft des Gesprächspartners eine entspannte Gesprächsatmosphäre. Stellen Sie dem Gast eine (nicht geschäftliche) Frage und lassen Sie ihn zunächst über sich erzählen. Die übliche Frage »Wie war die Anreise?« ist dabei nicht sehr originell. Seien Sie etwas kreativ und fragen Sie »Sind Sie trotz der Baustelle auf dem Mittleren Ring gut durchgekommen?« oder »Wie gut kennen Sie die Münchener Innenstadt? Waren Sie schon öfter hier?«. Oder versuchen Sie es einfach mit den Gesprächsöffnern, die wir oben erwähnt haben.

Lästern Sie bitte nie über Ihr Unternehmen und jammern Sie auch nicht wegen der schlechten Auftragslage. Seien Sie sympathisch und höflich. Üben Sie Zurückhaltung bei Klatsch und Tratsch.

4.5 Small Talk beim Business-Networking

Auch Small-Talk-Hasser werden eingestehen müssen, dass Small Talk der erste Schritt zum Networking ist. Je höher die Position, desto häufiger kommt man in Situationen, in denen das lockere Gespräche gefragt ist. Small Talk bricht das Eis, liefert Informationen und kann unerwartete Chancen eröffnen.

Networking im Unternehmen ist wichtig, um die Karriere zu fördern. Wenn niemand Sie kennt, können Sie auch nicht empfohlen werden. Die KfW Bank in Frankfurt hat eigens, um das interne Networking zu fördern, eine Software installiert. Beim »Lunch-Roulette« bekommen Sie in einem bestimmten Rhythmus einen Partner zum Mittagessen zugelost. Der informelle Austausch zwischen den Mitarbeitern wird angeregt und somit auch das Verständnis zwischen den Abteilungen.

Die Dos beim Networking

- freundlich und höflich sein
- ehrliches Interesse zeigen
- sich persönlich vorstellen
- kulturelle Unterschiede berücksichtigen
- offene Fragen stellen, nicht nur von sich erzählen
- Einladungen zum Essen aussprechen (in der Mittagspause)
- regelmäßigen Kontakt halten

Don'ts beim Networking

- Unterbrechen
- Beleidigen
- Negatives über Dritte erzählen
- körperliche Distanz nicht einhalten
- Slang sprechen
- falsche Themenwahl

4.6 Darüber spricht Mann

Wichtig beim Small Talk ist die Auswahl des richtigen Themas. Ziel ist es, über zunächst oberflächliche Themen einige Gemeinsamkeiten zu finden, über die man dann intensiver sprechen kann. Das viel strapazierte Thema »Wetter« kann auf einer Gartenparty die Basis für ein interessantes Gespräch über die Badeseen im Umland sein.

Keiner erwartet in einer Small-Talk-Situation von Ihnen, dass Sie tiefschürfende Aussagen über Wissenschaft, Politik oder die strategische Ausrichtung des Unternehmens von sich geben. Menschen in Small-Talk-Situationen möchten sich entspannt unterhalten und keine Probleme lösen. Geeignete Themen sind:

- Region, Stadt, Land
- Natur
- Geburtsort
- lokale oder überregionale Nachrichten (bei Katastrophen-Nachrichten vorsichtig sein!)
- Reisen, Urlaub, Wochenendausflug
- Sport
- Autos

- Literatur, Zeitungen, Zeitschriften
- Kunst, Filme und Fernsehen
- Essen und Trinken (Restauranttipps, Wein, Zigarren)
- Computer, Handys, Internet
- Möbel, Wohnen, Einrichten

! **Tipp**

Männer sollten Small Talk niemals dazu missbrauchen, Ihren Status herauszustellen. Wenn Ihr Gesprächspartner äußert, dass er Reihenhäuser für sehr teuer hält, müssen Sie nicht gleich hinzufügen, dass Sie Villenbesitzer sind. Auch die sündhaft teure Armbanduhr ist kein Thema, wenn Ihr Gegenüber auf Uhren offensichtlich keinen Wert legt.

Worüber redet Mann mit Frauen?

Gibt es noch Spezielles zum Small Talk mit Frauen zu beachten? Schließlich treffen Sie auf der Managementebene immer häufiger auf weibliche Vorgesetzte. Denken Sie einfach daran, dass die meisten Frauen nur ungern über das Abschneiden des Audi A4 bei der Pannenstatistik, über Ihre Hobbywerkstatt im Keller oder Ihre Vorliebe für deftige Speisen reden. Sicher gibt es auch Frauen, die sich für diese Themen begeistern werden, aber allzu viele dürften es nicht sein. Zu den Themen, mit denen Sie besonders bei Frauen auf offene Ohren stoßen können, gehören ganz sicher:

- Kultur
- Psychologie
- Mode
- Wellness
- Reisen
- Kino und Fernsehen
- Familie
- Einrichtungsstile

! **Tipp**

Geben Sie nicht zu viel von sich preis. Frauen haben gute Antennen, wenn es um Zwischenmenschliches geht, und Small Talk kann nun einmal viel über Sie als Menschen und Ihre Beziehungen verraten. Wenn Sie also auf Ihre geschmackvolle Krawatte angesprochen werden, sagen Sie natürlich nicht, dass Ihre Mutti für Kleidung einfach ein gutes Händchen hat.

4.7 Darüber spricht Mann nicht

Einige Tabus sollte man bei der Themenwahl beachten. Die Frage »Hast du zugenommen?« wird auch mit dem Nachsatz »... steht dir aber gut« nicht besser.

Seien Sie im Männer-Talk vorsichtig mit dem Thema Bundesliga. Hier kann es schnell zu unterschiedlichen Meinungen kommen und aus dem unverfänglichen Small Talk wird ein Streitgespräch.

Allein Ihr Fingerspitzengefühl entscheidet, welche Themen zur aktuellen Gesprächsrunde passen. Sie sollten beispielsweise niemals einem Arzt auf einer Party Ihre Krankengeschichte erzählen, damit stellen Sie sich schnell ins Abseits. Tabuthemen sind:

- Geld
- Krankheiten
- Politik
- Religion
- verletzende Themen (alt/dick/grau)
- Ehe- oder Partnerschaftsprobleme
- Negatives über gemeinsame Bekannte

Vermeiden Sie Verallgemeinerungen !

Mit Aussagen wie »Japanische Autos sind nichts für deutsche Führungskräfte« oder »Frauen können nicht einparken« machen Sie sich keine Freunde. Reden Sie anderen aber auch nicht nach dem Mund, sondern bleiben Sie sich und Ihrer Meinung treu. Als Fähnchen im Wind bezeichnet zu werden ist auch nicht förderlich.

4.8 Small Talk im Ausland

Sind Sie zum Beispiel in Norwegen, sollten Sie Themen über die europäische Integration oder Alkohol vermeiden. Hier empfiehlt es sich, über die Landschaft, Ibsen oder Grieg zu sprechen.

Im Small Talk mit Franzosen können Sie punkten, wenn Sie sich in der französischen Geschichte auskennen. Gute Themen sind auch das Essen und die französischen Weine.

In Italien sollten Sie vor allem Themen wie Mafia, Süd-Tirol oder Innenpolitik nicht ansprechen. Sie machen sich sicherlich mehr Freunde in Italien, wenn Sie nach der Familie fragen oder sogar von Ihrer Familie erzählen.

Ähnlich verhält es sich in Spanien. Hier ist die Frage nach der Familie ein sicherer Trumpf, aber das Thema Stierkampf oder ETA sollten Sie meiden. Spanien und Portugal zu vergleichen ist in beiden Ländern ein No-Go.

In Großbritannien ist die Frage nach der Familie ein absolutes Tabu. Die Iren gelten zwar als sehr humorvolle Menschen, doch bei den Themen Innenpolitik, Verhältnis zu Großbritannien, Terrorismus und Nordirland-Konflikt hört für sie der Spaß auf.

Super Bowl statt Präsidentenwahl

US-Amerikaner auf Innenpolitik oder Religion oder ihren überschwänglichen Patriotismus anzusprechen, wäre ein Fauxpas. Kennen Sie sich mit amerikanischen Sportarten oder dem anstehenden »Super Bowl« aus, sind Sie bestens gewappnet. Sehr beliebt ist auch immer die Frage nach der Herkunft der Familie. Voller Stolz werden Sie dann erfahren, aus welcher Region Europas die Großväter oder Urgroßmütter stammen.

In den baltischen Ländern Estland, Lettland und Litauen sollten Sie die Probleme mit der Integration der russischen Bevölkerung nicht ansprechen. Vermeiden Sie auch, alle drei Staaten in einen Topf zu werfen, betonen Sie besser die jeweiligen nationalen Eigenheiten. Die historischen Stadtzentren von Tallin (Estland) und Vilnius (Litauen) gehören beispielsweise zum Weltkulturerbe und bieten sich als Small-Talk-Themen hervorragend an.

Ein großer Fauxpas ist es, in der Tschechischen Republik die alte Bezeichnung »Tschechei« zu verwenden. Halten Sie sich streng an die offizielle Länderbezeichnung oder sagen Sie alternativ »Tschechien«. Die Tschechen empfinden uns Deutsche als plump und überheblich auftretend. Mit einer vornehm zurückhaltenden Art werden Sie sich dort also eher Freunde machen.

! **Übungen**

Übung 24: Sie treffen am Samstag Ihren Vorgesetzten in der Stadt beim Einkaufen. Worüber unterhalten Sie sich?

Übung 25: Über welche Themen plaudern Sie bei Flurgesprächen im Büro? Oder mit Kollegen im Lift?

Übung 26: Über welche Themen sollten Sie beim Small Talk nicht sprechen?

Übung 27: Sie haben bereits zehn Minuten mit einem Gast auf einer Vernissage geplaudert, möchten aber langsam den Gesprächspartner wechseln. Wie kommen Sie galant aus der Situation?

5 Stilvoll mit Kunden kommunizieren

Kunden zu binden gehört zu den wichtigsten Unternehmenszielen. Einen guten Stil sollten Sie deshalb beweisen, wenn Sie mit Ihren Kunden kommunizieren – sei es per Brief, E-Mail oder Telefon. In diesem Kapitel erfahren Sie, wie Sie sich stets freundlich-verbindlich ausdrücken und den richtigen Ton treffen.

Viele Geschäftsmänner denken nur an den Umsatz, wenn Sie Kunden Angebote, Rechnungen oder auch Mahnungen schicken, eine E-Mail senden oder ein Telefongespräch führen. Vergessen Sie nicht, dass Kunden nicht nur kaufen wollen, sondern auch an guten Beziehungen interessiert sind. Was für Verkäufer schon lange selbstverständlich ist, nämlich die Ausrichtung aller Aktivitäten auf den Kunden, haben sich inzwischen alle Mitarbeiter von Unternehmen zum Ziel gesetzt. Produkte werden immer austauschbarer, Preise transparenter und Serviceangebote vergleichbarer. Das einzige verbleibende Alleinstellungsmerkmal (USP = Unique Selling Proposition) für Unternehmen, die einzige Möglichkeit, sich vom Wettbewerb abzuheben, ist die Qualität ihrer Kundenbeziehungen.

5.1 Korrespondieren Sie kundenfreundlich

Da jeder schriftliche Kontakt »archiviert« werden kann, ist es besonders wichtig, aus jeder Art von Postausgang eine (vorzeigbare) Visitenkarte des Unternehmens zu machen.

Kundenorientierung in Geschäftsbriefen und E-Mails

Kundenorientierte Korrespondenz sollte kurz, konkret und positiv sein. Doch scheinbar fällt es vielen Menschen schwer, beim Schreiben den richtigen Ton zu treffen. Dabei sollten wir uns im Geschäftsleben bewusst machen, dass schlecht geschriebene Briefe oder E-Mails am Ende das Image des Unternehmens und Sie selbst schädigen.

Der richtige Stil in der Korrespondenz gehört heute ebenso zu den modernen Umgangsformen wie das persönliche Auftreten beim Kunden. Sie kommen bei anderen einfach besser an, wenn Sie bestimmte Regeln beachten. Auch wenn hinter ungeschickten Formulierungen oder Nachlässigkeiten beim Inhalt keine böse Absicht steckt, sie können das Verhältnis zum Empfänger empfindlich stören.

Wir zeigen Ihnen nun, wie Sie Ihre Korrespondenz kundenorientiert gestalten und welche typischen Korrespondenzfehler Sie vermeiden sollten.

! **Tipp**

Schreiben Sie private Briefe nicht auf Geschäftspapier. Zum Beispiel: Geburtstagsgrüße, Kondolenzschreiben.

5.2 Korrekte Anschriften und schriftliche Anrede

Die Anschrift für Privatpersonen im Inland enthält:
1. die Anredeform: Herrn/Frau
2. eventuelle Titel und Grade, Vorname, Name
3. Straße oder Postfach und Nummer
4. Postleitzahl und Ort

In ausländischen Anschriften wird das Nationalitätskennzeichen nicht vor der Postleitzahl angegeben, Ort und Landesangabe sollten in Großbuchstaben geschrieben werden:

Roche Arzneimittel
Züricher Straße 123
4051 BASEL
SCHWEIZ

! **Tipp**

Schreiben Sie bei Briefen ins Ausland, wenn möglich, den Namen der Stadt in der Landessprache. Also statt »Mailand« besser »Milano«.

»Eheleute« und das ehefrauenfeindliche »Herrn und Frau Klaus Müller« sind nicht mehr üblich. Auch »Familie Jürgen Kramer« ist altmodisch und patriarchalisch. Die Familienmitglieder sind hier namenlos geworden. Die Anschrift »Familie Kramer« hingegen ist noch gängig, aber recht unpersönlich. Zeitgemäß hingegen sind:
- »Frau und Herrn Christina und Jürgen Kramer«
- »Herrn Jürgen und Frau Christina Kramer«
- »Frau Christina und Herrn Jürgen Kramer«
- »Frau Dr. Maria Koch-Huber und Herrn Axel Koch«

Bei Schreiben an Ehepaare werden in der Anschrift entweder die vollständigen Namen der Ehegatten genannt (z. B. »Herrn Jürgen Kramer und Frau Christina Kramer«) oder beide Empfänger gemeinsam aufgeführt (»Herrn und Frau Kramer«).

Korrekte Anschriften bei Firmen

Hier gilt: Das Wort »Firma« wird heute nicht mehr erwähnt:

- »Anton Müller & Co. KG« ist richtig
- »z. Hd.« für »zu Händen« ist out und wird weggelassen
- »c/o« für »care of« (in der Obhut von) ebenfalls

Wenn Sie sichergehen möchten, dass ein Brief, der persönlich/vertraulich an eine Person in einem Unternehmen gerichtet ist, auch nur von dieser geöffnet und gelesen wird, kennzeichnen Sie das Schreiben mit dem Vermerk »Vertraulich« oder »Persönlich«. Dieser steht direkt in der Zeile über dem Namen. Um die Vertraulichkeit des Schreibens deutlich zu machen, reicht es nicht, dass der Name des Empfängers vor dem Firmennamen steht. In den meisten Unternehmen ist der Irrglaube verbreitet, es reiche, wenn der Name des Angeschriebenen zuerst stünde. Das ist falsch!

Besonderheiten

Gruppe	Hinweise zur Anrede	Beispiel
Adlige ohne Rangbezeichnung	Anrede Herr/Frau Vorname, von o. Ä., Familienname	»Frau Maria von Hohenadel«
Adlige mit Rangbezeichnung	Keine Anrede Frau/Herr, Vorname Adelsbezeichnung Familienname Die Anrede im Brief lautet dann aber: »Sehr geehrte Gräfin Hohenadel«	»Mathilde Gräfin von und zu Hohenadel«
Amts- und Mandatsträger	Wenn Ihnen die Amtsbezeichnung einer Person bekannt ist, setzen Sie diese in der Briefanschrift auch ein. Achten Sie aber unbedingt auf die Aktualität der Funktion.	»Herrn Dr. Holger Mann Vorsitzender des Verbands der Metallindustrie«

Gruppe	Hinweise zur Anrede	Beispiel
Repräsentanten des Staates	Diese werden mündlich und schriftlich mit ihrer Amtsbezeichnung angesprochen. **Nach Beendigung ihrer Amtszeit** werden Repräsentanten des Staates mündlich und schriftlich mit ihrem Namen bzw. ihren akademischen Titeln angesprochen. Der ehemalige Bundeskanzler Helmut Kohl wird demnach mit »Herr Dr. Kohl« angesprochen und nicht mit »Herr Bundeskanzler a.D.«. In der Briefanschrift darf das »a.D.« jedoch weiterhin benutzt werden.	»Herrn Bundespräsident Max Muster Bundespräsidialamt Spreeweg 1 10557 Berlin« Im Brief: »Sehr geehrter Herr Bundespräsident, ...« Mündlich: »Herr Bundespräsident«
Akademische Grade	Bei Titelhäufungen verwenden Sie wie in der mündlichen Anrede nur den höchsten Titel.	Statt »Herr Prof. Dr. Anton Müller«: »Sehr geehrter Herr Professor Müller«
Akademische Grade	Schreiben Sie »Professor« aus, »Dr.« können Sie abkürzen. Verzichten Sie auf Spezifizierungen wie »h.c.«, »med.« oder Ähnliches.	»Sehr geehrter Herr **Professor** Huber« aber: »Sehr geehrter Herr **Dr.** Meyer«
Akademische Grade	Die akademischen Grade Diplom-Ing. oder Diplom-Kaufmann und M. A. werden in Deutschland in der Anrede nicht genannt. Dies gilt ebenso für alle nachgestellten akademischen Grade wie Bachelor, Master oder MBA.	
Weibliche Titelträgerinnen		»Frau Professorin Dr. Karin Schmidt«
Berufsbezeichnungen	Berufsbezeichnungen wie z.B. »Rechtsanwalt«, »Steuerberater« oder »Journalistin« können Sie weglassen.	

Gruppe	Hinweise zur Anrede	Beispiel
Diplomatie Anrede von Botschaftern	Botschafter sind die höchsten Vertreter ihres Landes im Ausland. Gehen Sie deshalb mit viel Umsicht und Respekt mit deren Anreden um.	In der Anschrift sprechen Sie Botschafter immer an mit: »Seine Exzellenz« (Botschafter) »Ihre Exzellenz« (Botschafterin) »Ihre Exzellenzen« (Botschafter-Ehepaar)
Diplomatie Anrede von Botschaftern	Briefanschrift eines Botschafters	»Seiner Exzellenz dem Botschafter der USA Peter Miller Neustädtische Kirchstr. 4–5 10117 Berlin«
Diplomatie Anrede von Botschaftern		»Sehr geehrter Herr Botschafter ...« Bei einer Einladung schreiben Sie: »Seine Exzellenz Herrn Botschafter (akademischer Grad) Vorname Nachname«
Ehemalige Botschafter/innen	Ehemalige Botschafter/innen sprechen Sie mündlich und schriftlich mit ihren akademischen Graden und Namen an. In der Anschrift können Sie auf die ehemalige Funktion verweisen.	»Frau Dr. Ingrid Schäfer Botschafterin a.D. Straße PLZ Ort« »Sehr geehrte Frau Dr. Schäfer«

Wirkungsvolle Texte verfassen

Schreiben Sie Ihre Nachrichten verständlich und in kurzen Sätzen. So können Sie davon ausgehen, dass der Empfänger die Botschaft besser versteht und es nicht zu Missverständnissen kommt.

Auf den manchmal noch üblichen Vermerk »Betr.:« können Sie in der modernen Korrespondenz verzichten. Die Zeile und ihr Inhalt bleiben aber bestehen und werden meist mit Fettschreibung hervorgehoben.

Verschiedene Eröffnungen

In vielen Unternehmen hat sich der Stil im Briefverkehr und bei internen E-Mails gelockert. So haben sich inzwischen auch einige moderne Anredeformeln neben dem klassischen »Sehr geehrte Damen und Herren« etabliert.

Dazu zählen beispielsweise:

- Guten Tag, Herr Müller, ...
- Guten Tag, Frau Schmidt, ...
- Hallo Herr Müller, ...
- Hallo, liebe Frau Schmidt, ...
- Lieber Herr Müller, ...

Kommunizieren Sie im internationalen Umfeld und sprechen unbekannte Personen an, ist neben dem bekannten »Dear Sir or Madam« (Am. English) die Anrede einer Ihnen unbekannten Frau mit »Dear Ms. Example« üblich. Ms. ist eine moderne, politisch korrekte Anrede für eine Frau, von der Sie nicht wissen, ob sie verheiratet oder ledig ist. Das englische Miss ist wie das deutsche Fräulein keine korrekte Anrede mehr. Hinweis: Im British English werden hinter die Abkürzungen Mr, Mrs und Ms keine Punkte gesetzt. Nach der Anrede folgt im British Englisch kein Satzzeichen, in einer amerikanischen Korrespondenz folgt ein Doppelpunkt nach der Anrede.

Wollen Sie Gruppen ansprechen, sind »Dear team«, »Dear collegues« oder auch »Dear all« gängige Anreden z. B. in Projektteams oder firmenintern. Achten Sie aber darauf Geschäftsführer oder Vorstände nicht in diese Gruppe zu integrieren und gesondert anzusprechen. Chefs sind keine Kollegen.

! **Tipp**

Eine handschriftliche Anrede verleiht dem maschinengeschriebenen Brief eine persönliche Note, z. B. bei Weihnachts- oder Geburtstagsgrüßen.

Beginnen und enden Sie außergewöhnlich

Die meisten Briefe beginnen mit »Sehr geehrte Frau Meier« und enden »Mit freundlichen Grüßen«. Dieser Standard ist langweilig. Schaffen Sie eine freundliche Atmosphäre. Der Empfänger wird positiv überrascht sein.

- Liebe Andrea Meier, ...
- Guten Morgen, liebe Frau Bauer, ...
- Willkommen zu Hause, lieber Herr Becker, hatten Sie einen schönen Urlaub? ...
- Danke für den Auftrag, liebe Frau Huber, ...

Da in anderen Sprachen (vor allem Englisch) des Öfteren Kommas nach der Grußformel in Briefen gesetzt werden, sieht man dies teilweise auch im Deutschen. Hier hat sich allerdings der Fehlerteufel eingeschlichen, denn ein Komma nach der Grußformel (auch Schlussfloskel oder Abschiedsgruß genannt) am Briefende gibt es in der deutschen Sprache nicht. Entsprechend folgt nach den folgenden Grüßen kein Komma:

- Mit freundlichen Grüßen
- Freundliche Grüße
- Beste Grüße
- Liebe Grüße
- Viele Grüße nach München
- Viele herzliche Grüße!
- Es grüßt Sie Ihre …
- Für heute herzliche Grüße!
- Es grüßt Sie bis zum nächsten Mal
- Herzliche Grüße, bitte auch an Herrn Müller
- Besten Dank und freundliche Grüße!
- Herbstliche Grüße aus München!

Wenn Sie einen Vornamen haben, bei dem das Geschlecht nicht sofort erkennbar ist, bietet sich folgende Grußformel an, damit Sie nicht mehr falsch angesprochen werden:

- Freundlich grüßt Sie
  Ihre Tanisha Khan

Tipp !

Nennen Sie innerhalb des Briefes ab und zu den Namen des Empfängers. Dies macht den Brief lebhafter. Aber übertreiben Sie es nicht.

Übungen !

Übung 28: Wie schreiben Sie den Präsidenten des Gewerbeverbandes korrekt an?
Übung 29: Ist »Herrn und Frau Peter Fischer« in Deutschland noch eine gängige Variante, wenn man ein Ehepaar anschreiben möchte?
Übung 30: Wird in der Anrede im Brief »Dr.« abgekürzt, »Professor« aber ausgeschrieben?

5.3 E-Mail-Knigge

Die Anzahl der Geschäftsbriefe wurde durch den Einsatz von E-Mails erheblich reduziert. Vorteile der E-Mails sind, dass ich niemanden bei seiner Arbeit unterbreche, mein Gegenüber sich keine unleserlichen Notizen am Telefon machen muss und man letztendlich auch einen Nachweis hat. Es gibt keinen Grund dafür, dem Inhalt und dem Stil einer E-Mail wenig Aufmerksamkeit zu schenken. Eine E-Mail kann ausgedruckt werden und erhält damit den gleichen Stellenwert wie ein Brief. Wenn Sie nachfolgende Regeln beachten, wird auch Ihre E-Mail-Korrespondenz die gewünschte Wirkung erzielen. E-Mails sind Schriftstücke! Achten Sie also auf die Formulierung.

Antworten Sie schnell
Auf E-Mails reagieren Sie möglichst am gleichen Tag, spätestens aber am zweiten Tag. Auch wenn noch keine Auskunft gegeben werden kann, sollte der Absender eine kurze Empfangsbestätigung mit dem Hinweis auf eine baldige, ausführliche Antwort erhalten. Dies gilt natürlich auch für die Korrespondenz per Brief. Haben Sie ein Angebot oder eine Bewerbung erhalten, aber keine Zeit dies zu bearbeiten, da Sie noch auf weitere Zusendungen warten, geben Sie den ersten Absendern bitte ein kurzes Feedback per Telefon oder E-Mail. Sich auf ein angefordertes Angebot gar nicht mehr zu melden gehört sich nicht.

! **Tipp**

Erhalten Sie eine E-Mail, die mit einem internationalen unbekannten Vornamen unterschrieben wurde, geben Sie diesen in eine Suchmaschine ein. Oft erfahren Sie so, ob es sich um eine männliche oder weibliche Person handelt. Sie können dann den Absender in Ihrer Antwort korrekt ansprechen.

Haben Sie selber einen Unisex-Vornamen, helfen Sie dem Empfänger durch Ihre Verabschiedung, in dem Sie z. B. mit »Ihre Kim Mustermann« unterschreiben.

Bloß keine Abkürzungen
In der Internet-Sprache übliche Abkürzungen oder Schreibweisen haben in geschäftlichen E-Mails nichts zu suchen.

E-Mails klar formulieren
E-Mail-Korrespondenz kann man beschleunigen, indem man deutlich formuliert:

- Was soll der Empfänger tun?
  Beispiel: »Bitte entscheiden Sie …« oder auch nur »Zu Ihrer Information …«
- Warum soll er es tun?
  Beispiel: »… damit das gemeinsame Projekt vorankommt« oder »Weil ich den Vorgang abschließen möchte …«
- Wie soll er es tun?
  Beispiel: »Antwort einfach per E-Mail …« oder »Die Ergebnisse sollen in Form einer Excel-Datei dargestellt werden.«

- Wann (oder bis wann) soll er es tun?
  Beispiel: »Ich erwarte Ihre Antwort bis 18.00 Uhr« oder »Die Deadline für die Präsentation ist der 15. diesen Monats.« usw.

Tipp !

Sortieren Sie die E-Mails nach Absender und bearbeiten Sie die neueste E-Mail eines Absenders zuerst. Meist haben sich vorherige E-Mails schon erledigt und können einfach gelöscht werden. Bearbeiten Sie Ihr E-Mail-Postfach blockweise, zum Beispiel zweimal pro Tag. So werden Sie nicht ständig abgelenkt und missbrauchen keine E-Mails als Chatfunktion.

Die Form einer E-Mail

Gerade auf dem Smartphone werden E-Mails oft »mal eben schnell« verfasst, der höfliche Umgangston bleibt dabei leicht auf der Strecke. Verzichten Sie auch in großer Eile nicht auf Form, Rechtschreibung und Grammatik.

- Betreffzeile immer ausfüllen (kurze Inhaltsangabe).
- Achten Sie auf die richtige Anrede.
- Nie ohne formelle Verabschiedung die E-Mail beenden.

Auf die Form achten, z.B. nie alles in Großbuchstaben schreiben (bedeutet in der Internetsprache, dass man schreit!). Gerade weil Ihre E-Mails in erster Linie auf dem Bildschirm gelesen werden, sollten Sie besonderen Wert auf Klarheit und Deutlichkeit legen. Wenn Sie Groß- und Kleinschreibung nicht unterscheiden, erschweren Sie dem Adressaten das Lesen Ihrer Nachricht. Bilden Sie Absätze, damit man den Text leichter lesen kann.

- Fassen Sie sich kurz und beschränken Sie sich auf das Wesentliche.
- Versuchen Sie, Tipp- und Rechtschreibfehler zu vermeiden. Eine von Fehlern strotzende Mail ist nicht lässig, sondern unhöflich und wirkt inkompetent.
- Verzichten Sie nie auf die Signatur. Eine Signatur sollten Sie im geschäftlichen E-Mail-Verkehr grundsätzlich anhängen. So können Sie sich sicher sein, dass der Empfänger Ihre Daten schnell parat hat. Schalten Sie die Funktion sowohl für neue E-Mails als auch für Antwort-E-Mails ein.
- Blähen Sie den Verteiler nicht unnötig auf. Als eine der größten E-Mail Sünden gilt es, jemanden unnötig in CC zu setzen. Der Inhalt der Nachricht ist vielleicht nicht für jeden von Interesse.
- Fordern Sie keine Lesebestätigungen an. Sie setzen damit den Empfänger unter Druck und zeigen Misstrauen.

- Versenden Sie Anlagen im Anhang der E-Mail, erklären Sie dem Empfänger kurz, was er im Anhang findet. Der Empfänger spart Zeit und das Bearbeiten ist leichter.
- Vermeiden Sie es, E-Mails ewig hin- und herzuschicken, so dass ein ganzer Rattenschwanz von E-Mail-Konversation dranhängt. Spätestens ab der dritten E-Mail sollten Sie eine neue Mail verfassen. Sollten die alten E-Mails für den Empfänger wichtig sein, können Sie sie als Anhang einfügen.
- Im geschäftlichen E-Mail-Verkehr sollten Sie Ihre Worte so eindeutig formulieren, dass keine Emoticons (☺, ;-), ☹) nötig sind. Die kleinen Symbole sind nur im privaten Bereich angebracht.

! **Tipp**

Wenn etwas wirklich dringend ist, sollte man keine E-Mail schreiben, sondern besser zum Telefonhörer greifen.

Killerphrasen in E-Mails

Versuchen Sie, negative Nachrichten positiv zu verpacken. Sind Sie auch noch der Meinung, dass Mahnungen und Erinnerungen nur mit juristischen Phrasen wirksam sind? Wir nicht! Denn die Rechtskräftigkeit einer Erinnerung hängt nicht von einem unfreundlichen Ton ab. Aus unserer Sicht gehört zu einem professionellen Auftreten auch ein fairer, kooperativer Schreibstil. Und das geht auch bei unangenehmen Themen. Verzichten Sie außerdem auf Belehrungen (»... sollten Sie beachten ...«) oder einen Befehlston (»... müssen Sie bis zum ...«). Verwenden Sie auch nicht zu viele Fachausdrücke oder Fremdwörter. Sprechen Sie nicht von »maßgeschneiderten Solutions« oder einem »erwarteten Statement«, auch wenn es schon fast Umgangssprache geworden ist.

! **Übungen**

Übung 31: E-Mails dienen der schnellen Kommunikation zwischen Kollegen oder Geschäftspartnern. Auf was muss man mit Blick auf den Stil achten?
Übung 32: Wie beschleunigt man die E-Mail-Korrespondenz?
Übung 33: Wie viele Ansprechpartner schreiben Sie in die »An«-Zeile (Adresszeile), wenn Sie eine Rundmail versenden?

5.4 Das angenehme Telefonat

Die meisten Geschäftskontakte beginnen am Telefon. Das Verhalten aller Mitarbeiter am Telefon hat also großen Einfluss auf die Außenwirkung des Unternehmens. Bestimmt ist Ihnen das auch schon passiert: Sie rufen in einer

Firma an und eine müde, lasche Stimme meldet sich, die den Firmennamen so schnell herunterrattert, dass Sie glauben, sich verwählt zu haben. Wenn Sie dann nachfragen, ob Sie richtig verbunden sind, bekommen Sie noch eine schnippische Antwort.

Ihre akustische Visitenkarte

Ähnlich wie bei einer persönlichen Begegnung zwischen zwei Menschen entsteht bei Telefonierenden ein erster Eindruck. Dieser erste Eindruck wird durch unsere sprachlichen und stimmlichen Fähigkeiten geprägt. Um Ihren Eindruck beim Gesprächspartner positiv zu beeinflussen, achten Sie auf folgende Faktoren:

- klare Stimme
- gemäßigtes Sprechtempo
- Wortwahl
- Freundlichkeit
- Verbindlichkeit
- Körperhaltung

Diese Faktoren ersetzen Ihr persönliches Erscheinungsbild.

Einen Anruf entgegennehmen

Das Wichtigste ist, dass Sie sich klar ausdrücken und dem anderen gut zuhören. Die Worte, mit denen ein Telefongespräch beginnt, haben ebenfalls großen Einfluss auf den Verlauf und Ausgang des Gesprächs.

Nur wenn Sie aktiv hinhören, können Sie auf die Bedürfnisse des Gesprächspartners eingehen. Notieren Sie sich ein Stichwort zum aktuellen Arbeitsvorgang, bevor Sie zum Hörer greifen. Der Anrufer will natürlich erst einmal wissen, ob er am Ziel angekommen ist. Daher sollte Ihre Meldeformel diese Elemente enthalten:

- Tagesgruß
- Name des Unternehmens (Abteilung)
- Ihren Vornamen und Ihren Nachnamen

»Guten Tag, Firma ABC, Buchhaltung; mein Name ist Sabine Müller« Oder »Guten Tag, Firma ABC, Buchhaltung; Sie sprechen mit Sabine Müller« Diese Reihenfolge hat den Grund, dass wir uns das zuletzt Gehörte am besten merken können.

Beachten Sie außerdem folgende Punkte:

- Geben Sie Ihrer Stimme einen freundlich-erwartungsvollen Klang. So reduzieren Sie das Risiko, teilnahmslos, überlastet oder entnervt zu klingen.

- Merken Sie sich den Namen des Anrufers. Falls Sie ihn nicht gleich verstanden haben, fragen Sie ruhig noch einmal nach. Sagen Sie aber nicht: »Wie war Ihr Name?« Besser ist: »Ich habe Ihren Namen nicht verstanden. Mit wem spreche ich?«
- Lächeln Sie am Telefon. Man hört es!
- Lassen Sie den Anrufer reden. Er hat ein Anliegen, das zum Anruf führte, nicht Sie!
- Betätigen Sie die Wartetaste, wenn Sie ein Nebengespräch führen oder einen Sachverhalt klären wollen. Legen Sie nicht die Hand auf die Muschel. Der Anrufer hört trotzdem noch, was Sie sagen.
- Müssen Sie jemanden verbinden, drücken Sie ihn nicht einfach weg, sondern lassen Sie ihn wissen, was Sie mit ihm vorhaben. Dieses Verfahren gilt sowohl für das Weiterverbinden als auch für die Klärung eines Sachverhalts.
- Sollten Sie Anrufe für Dritte annehmen, sagen Sie nicht: »Herr Meier ist nicht im Haus«, sondern »Herr Meier ist ab 14.00 Uhr wieder erreichbar. Kann er zurückrufen?«

Organisieren Sie den Rückruf!
Die einfache Auskunft: »Herr Meier ist gerade telefonisch nicht erreichbar. Wie kann ich Ihnen behilflich sein?« oder »Herr Müller ist gegen 15:00 Uhr wieder zu erreichen, kann er Sie zurückrufen?« ist immer noch die kompetenteste und souveränste Weise, einen Anruf entgegenzunehmen. Notieren Sie Namen, Telefonnummer und Uhrzeit, wenn möglich noch ein Stichwort für den Grund des Anrufs, so kann ein Rückruf schnell und zielgerecht erledigt werden.

Was tun, wenn Verkaufsprofis anrufen?
Entscheiden Sie, ob Sie diese Gespräche führen möchten. Vertrösten Sie den Anrufer nicht auf einen späteren Zeitpunkt, denn er wird bestimmt anrufen und Sie haben damit das Problem nicht aus der Welt geschafft, sondern nur aufgeschoben. Haben Sie kein Interesse an dem Produkt, machen Sie dies dem Anrufer klar. Sie sparen sich und dem Verkäufer viel Zeit. Bleiben Sie aber freundlich bei der Formulierung der Absage.

Wenn Dritte dazukommen
Kennen Sie das? Sie haben ein persönliches terminiertes Gespräch und das Telefon klingelt? Vorrang hat immer das persönliche Gespräch. Entschuldigen Sie sich bei Ihrem Gesprächspartner und nehmen Sie das Telefonat an. Informieren Sie den Anrufer kurz, dass Sie gerade in einem Gespräch sind und schlagen Sie vor, zu einem späteren Zeitpunkt zurückzurufen. Halten Sie den Rückruftermin ein. Besser ist es, das Telefon bei persönlichen Gesprächen auf

Kollegen umzuleiten oder den Anrufbeantworter einzuschalten. Das Mobiltelefon sollte während persönlicher Gespräche ganz ausgeschaltet sein.

Aktiv zuhören

Denken Sie immer daran: Ihr Gesprächspartner hört Ihre Stimmung, Ihre Bereitschaft, Ihr Interesse.

- Konzentrieren Sie sich auf die wichtigsten Gesprächspunkte, machen Sie sich Notizen dazu.
- Kontrollieren Sie Ihre Gesichtszüge und Ihre Körperhaltung: Anspannung oder Langeweile kann man hören.
- Bleiben Sie aktiv, während Sie sprechen. Stehen Sie hin und wieder auf oder gehen Sie bei längeren Diskussionen herum.
- Halten Sie als Rechtshänder den Hörer in der linken Hand. So aktivieren Sie auch Ihre rechte Hirnhälfte: Das fördert Ihre Kreativität. Abgesehen davon können Sie sich Notizen machen.
- Senden Sie positive Signale: Stellen Sie Zwischenfragen, geben Sie kurze Zwischenantworten.

Einen Anruf tätigen

Rufen Sie jemanden an, nennen Sie nach dem Tagesgruß Ihr Unternehmen, Vornamen und Namen. Sprechen Sie den Angerufenen gleich mit seinem Namen an und nennen Sie den Grund Ihres Anrufs. Stellen Sie sich darauf ein, dass auf der anderen Seite eine Mailbox sein könnte. Legen Sie nicht enttäuscht auf. Sprechen Sie auf den Anrufbeantworter so, als würden Sie mit der gewünschten Person reden. Nennen Sie Firma, Namen und Grund Ihres Anrufs. Wollen Sie zurückgerufen werden, fügen Sie die Telefonnummer, unter der Sie zu erreichen sind, hinzu.

Telefon-Etikette

- Gute Laune steckt an. Mit Freundlichkeit am Telefon kann man sogar verärgerte oder gestresste Gesprächspartner besänftigen und beruhigen.
- Setzen Sie Ihre Mimik und Gestik ein, Ihre Stimme wirkt dann lebendiger. Also bitte nicht mit abgestütztem Kopf an der Leitung »hängen«.
- Reden Sie nicht ohne Punkt und Komma, sondern machen Sie Sprechpausen.
- Sprechen Sie den Gesprächspartner so oft wie möglich mit Namen an. Dies ist persönlicher und schafft eine vertraute Atmosphäre.
- Während des Telefonats bitte nicht rauchen, essen, trinken oder am Computer die letzte E-Mail weitertippen.
- Bilden Sie kurze Sätze: Mehr als zehn Wörter am Stück kann Ihr Gegenüber nicht vollständig erfassen.

- Schaffen Sie nicht Probleme, bieten Sie konkrete Lösungen: »Frau Schröder ist in einer Besprechung. Möchten Sie in einer Stunde noch einmal anrufen oder kann sie Sie zu einem anderen Zeitpunkt erreichen?«
- Wiederholen Sie wichtige Aussagen, fassen Sie Absprachen zusammen.
- Verabschieden Sie sich auch freundlich, wenn das Gespräch nicht zum gewünschten Ergebnis geführt hat. Einen schönen Nachmittag zu wünschen kostet Sie nichts, bringt Ihnen aber später vielleicht doch etwas.

Achten Sie auch darauf, dass Sie keine Killerphrasen verwenden, wie z. B.:
- Wie war der Name?
- Da sind Sie bei mir aber ganz falsch.
- Da haben Sie mich nicht richtig verstanden.
- Da kann ich Ihnen auch nicht helfen.
- Worum geht's denn überhaupt?
- Sie müssen mir schon zuhören.
- Wenn ich Sie mal unterbrechen darf …
- Nein, das geht nicht.
- Das machen wir immer so.
- Wie stellen Sie sich das denn vor?
- Wir wissen schon, was wir machen.
- Für sowas haben wir hier gar keine Zeit.

5.5 Zügeln Sie Ihre Handy-Begeisterung

In einem Meeting stellen Sie das Handy aus. Wenn Sie es unbedingt anlassen müssen, weil Sie einen dringenden Anruf erwarten, bitten Sie um die Zustimmung aller Teilnehmer. Stellen Sie aber den Rufton vorher auf lautlos und verlassen Sie zum Telefonieren den Meetingraum.

Grundsätzlich sollten Sie im Umgang mit Handys Folgendes beachten:
- Wählen Sie einen dezenten Klingelton. Die neuesten Charthits wirken nicht sehr seriös. Die Mailbox-Ansage sollte von Ihnen persönlich aufgesprochen sein. Nennen Sie dabei zuerst den Tagesgruß und am Ende Ihren Namen. So hat der Anrufer die Chance zu verstehen, dass er auf der richtigen Mailbox gelandet ist.
- Ungelegene Anrufe drücken Sie nicht weg, sondern nehmen sie an und bieten einen Rückruf an.
- Geschäftskontakte finden in der Zeit von 8:00 bis 18:00 Uhr je nach Branche statt. Ausnahme: Sie haben etwas anderes vereinbart. Absolute Tabuzeiten sind zwischen 22:00 und 8:00 Uhr morgens.

- Unterdrückte Nummern sind unseriös. Man glaubt, Sie haben etwas zu verbergen. Ein Rückruf auf einen verpassten Anruf ist bei einer unterdrückten Nummer unmöglich.
- Telefonieren Sie in der Öffentlichkeit, sprechen Sie so, dass Ihr Umfeld nur wenig von Ihrer Unterhaltung mithören kann. Suchen Sie sich am besten einen ungestörten Ort.
- Leben Sie vor allem nicht Ihre Emotionen am Telefon aus, wenn andere mithören können.

5.6 Smartphone & Co.

Ist es schon unhöflich, wenn man während eines privaten Gesprächs einen Anruf am Smartphone entgegennimmt? Schnell mal WhatsApp checken, ein Bild twittern ... Für den richtigen **Umgang mit dem Smartphone** gibt es Benimmregeln.

»Phubbing« – der unangemessene Umgang mit dem Smartphone !

Der Begriff »Phubbing« steht (laut Wikipedia) für »die Angewohnheit, sich mit dem Handy oder Smartphone zu beschäftigen, während man die Menschen, mit denen man gerade gesellschaftlich verkehrt, vernachlässigt«. Kreiert wurde das zusammengefügte Wort von einer australischen Werbeagentur aus den Wörtern »phone« (Telefon) und »snubbing« (snub = schroffe Ab-, Zurechtweisung).

Die Devise »Mensch kommt vor Technik!« sollte nicht nur im Berufsalltag selbstverständlich sein. Genau hier setzt der Begriff »Phubbing« an: Wenn Sie »phubben«, ist Ihnen die Meldung auf Ihrem Smartphone wichtiger als Ihr Gegenüber.

Achten Sie beim Telefonieren im Beisein von anderen Menschen darauf, dass Sie in angemessener, reduzierter Lautstärke sprechen und Diskretion wahren. Vorsicht bei Namensnennungen! Sie wissen, wie klein die Welt ist.

Sie können sich nur auf eine Sache wirklich konzentrieren: entweder auf das **Meeting** oder auf Ihr Smartphone. Wenn das Smartphone nötig ist, gilt:

- Verzichten Sie auf akustische Signale.
- Legen Sie das Smartphone nicht auf den Tisch.
- Checken Sie nur in den Pausen Ihre eingegangenen Nachrichten.
- Wenn Sie einen dringenden Anruf erwarten, kündigen Sie dies zu Beginn des Meetings an und verlassen zum Telefonieren den Raum.

Am Arbeitsplatz gilt eine einfache Regel: Arbeitszeit ist – wie das Wort schon sagt – Zeit zum Arbeiten. Ihr Arbeitgeber bezahlt Sie für Ihre Arbeitsleistung und nicht dafür, dass Sie diese Zeit privat für sich nutzen. Es gibt hierzu in Deutschland keine einheitliche Regelung. Toleriert Ihr Arbeitgeber die private Nutzung während der Arbeitszeit, fallen Sie positiv auf, wenn Sie Ihr Smartphone nur in Ausnahmefällen benutzen. Was Sie in Ihrer Pause machen, ist wiederum Ihre private Angelegenheit.

! **Übungen**

Übung 34: Ohne Handys geht nichts mehr. Doch wann ist der Gebrauch des Smartphones wirklich nicht angebracht?
Übung 35: Sie sind mitten im Gespräch und haben vergessen, Ihr Handy auszustellen. Drücken Sie das ankommende Gespräch jetzt einfach weg?
Übung 36: Wie ist die korrekte Begrüßung am Telefon, wenn Sie jemanden anrufen?

6 Meeting-Knigge

Meetings sind für Geschäftspartner oder Kollegen oftmals ärgerliche Veranstaltungen. Da werden sie zu diesem Arbeitstreffen nicht richtig eingeladen, wissen nicht, welche Aufgaben sie übernehmen sollen, müssen auf zu spät kommende Teilnehmer warten. Es wird also höchste Zeit, das Thema Meeting im Rahmen der Business-Etikette zu behandeln. »Einer Analyse des Marktforschungsinstituts Harris im Auftrag des kalifornischen Softwareanbieter Clarizen zufolge verlieren Beschäftigte weltweit im Schnitt 4,5 Stunden pro Woche durch Meetings, Konferenzen und Besprechungen, denen sie zwar aus Präsenzgründen beiwohnen müssen, die aber so gut wie keine Relevanz für ihre eigene Arbeit haben.«[1] In diesem Kapitel erfahren Sie, wie Sie Ihr nächstes Meeting so vorbereiten und durchführen, dass alle Teilnehmer sich wohl fühlen und konstruktiv zusammenarbeiten. Am Schluss geben wir Ihnen noch ein paar Tipps zu den »gefürchteten« Meetings mit Journalisten.

6.1 Meetings vorbereiten

Die Situation, ohne Agenda in einer Besprechung sitzen zu müssen und nicht zu wissen, warum man überhaupt eingeladen wurde, kennen Sie bestimmt. Deshalb ist eine gründliche Meetingvorbereitung wichtig.

Wie bereitet man eine Besprechung optimal vor?
Gehen Sie nach folgendem Schema vor:

1. Wer soll teilnehmen?
Diese wichtige Frage ist abhängig vom Besprechungstyp (Verhandlung, Informationsveranstaltung, Schulung usw.), denn jeder unmotivierte Teilnehmer verschwendet wertvolle Arbeitszeit. Es sollten also nur Teilnehmer ausgewählt werden, die sinnvolle und wichtige Beiträge beisteuern können und über die entsprechende Entscheidungskompetenz verfügen.

2. Wie viele Teilnehmer?
Fünf bis sieben sind ideal. Mehr als zehn sind unübersichtlich. Zur effektiven Lösungserarbeitung halten Sie den Teilnehmerkreis so klein wie möglich.

1 Tina Groll, DIE ZEIT vom 21.12.2016.

3. Wie lautet das Meetingziel?
So erhalten Sie Klarheit und Überprüfbarkeit. Vereinbartes und Erreichtes kann später gut miteinander verglichen werden. Fragen Sie sich:

- Warum sitzen wir zusammen?
- Auf welche Weise wollen wir zu einem Ergebnis kommen?
- Wie stellen wir sicher, dass alle Teilnehmer effektiv und zielorientiert an der Erreichung des Ziels arbeiten? (Messbarkeit der Ergebnisse sicherstellen)
- Bis wann sollen Ergebnisse vorliegen?

4. Agenda/Tagesordnung erstellen und versenden
Die Agenda enthält folgende Punkte:

- Wer soll teilnehmen?
- Wann und wo findet die Besprechung statt?
- Welche Themen sollen besprochen werden?
- Dauer und Abfolge der einzelnen Besprechungspunkte
- Welche Besprechungsziele gibt es?

Die Agenda ist der rote Faden jedes Meetings. Gibt es so einen Plan nicht, ist die Gefahr groß, sich zu verzetteln. Außerdem hat jeder Teilnehmer vorab die Möglichkeit, sich intensiv auf das Meeting vorzubereiten. Nicht selten werden Besprechungen aufgehalten, weil Mitarbeiter nicht alle Unterlagen dabei haben. Mindestens eine Woche vor dem Termin sollte den Teilnehmern die Agenda zugehen, damit diese eventuell weitere Themen ergänzen können.

5. Besprechungsort richtig wählen
Beachten Sie bei der Auswahl des Besprechungsortes die Zusammensetzung der Teilnehmer. Kommen die Teilnehmer beispielsweise aus ganz Deutschland angereist, wählen Sie einen zentralen Meetingort z. B. in der Nähe von Flughäfen. Eventuell sollten Sie auch logistische Punkte wie Abholung am Flughafen oder Bahnhof mit Sammeltaxis oder Chauffeur-Service abklären. Bestuhlung, Catering und technisches Equipment sollten Sie vorab klären und reservieren.

10 Profi-Tipps für ein gelungenes Meeting	
1.	Setzen Sie die Meetingzeit auf 45 statt auf 60 Minuten an. Wenn Sie so viel Zeit zur Verfügung stellen, wird sie auch ausgenutzt. Kürzen Sie Meetingzeiten.
2.	Schließen Sie bei Meetingbeginn die Tür. So bekommt der notorische Zuspätkommer eine unangenehme Bühne für seinen Auftritt.
3.	Versenden Sie auf jeden Fall eine Agenda.

10 Profi-Tipps für ein gelungenes Meeting	
4.	Bestimmen Sie einen Moderator, der Zeit und Themen im Auge hat.
5.	Überlegen Sie genau, wer am Meeting teilnehmen muss. Wer sind Entscheider, Experten und wer ist kreativ?
6.	Sprechen Sie schweigsame Teilnehmer an und fragen nach ihrer Meinung.
7.	Diskussionen in Meetings sind wichtig und sollten auf der sachlichen Ebene stattfinden.
8.	Erstellen Sie auf jeden Fall ein Protokoll mit To-do-Listen und versenden Sie es auch.
9.	Vermeiden Sie Powerpoint-Präsentationen in Meetings. Sie wollen diskutieren, nicht unbedingt Fakten präsentieren.
10.	Wenn Sie früher fertig sind als zur angesetzten Zeit, beenden Sie das Meeting auch vorzeitig.

6.2 Richtiges Verhalten im Kundenmeeting

Sie haben einen Termin bei Ihrem Kunden vereinbart und treten nun also im optimalen Business-Outfit auf–, aber leider eine Viertelstunde zu spät. Schon ist es wieder vorbei mit dem ersten guten Eindruck.

Pünktlichkeit ist Pflicht. Sobald eine Verspätung absehbar ist, rufen Sie Ihren Gesprächspartner an. Von der freundlichen Sekretärin Ihres Kunden werden Sie empfangen und in den Meetingraum gebracht. Es stehen Getränke auf dem Tisch und die Sekretärin sagt: »Bedienen Sie sich bitte«. Was tun Sie jetzt?

Sie bedienen sich nicht mit Getränken und setzen sich auch nicht auf einen der verfügbaren Stühle. Der Gesprächspartner, auf den Sie warten, wird keinen guten Eindruck von Ihnen bekommen, wenn Sie es sich schon mal bei einem Tässchen Kaffee bequem gemacht haben. Einen stilvollen Auftritt haben Sie, wenn Sie stehend auf Ihren Gastgeber warten und dieser Sie nach der Begrüßung zum Platznehmen auffordert. Nehmen Sie den Small Talk auf und danken Sie Ihrem Gesprächspartner für die Zeit, die er sich genommen hat.

Tipp !

Rufen Sie einen Tag vor dem Meeting an und lassen Sie sich den vereinbarten Termin noch einmal bestätigen. Es gibt nichts Ärgerlicheres als einen weiten Weg vergebens gemacht zu haben. Hilfreich ist es, die Sekretärin nach der Wegbeschreibung zu fragen. So erinnert Sie sich wieder an Sie und kann für das anstehende Meeting Vorbereitungen treffen.

6.3 Digitale Meetings

Für die meisten Menschen sind Skype, ICQ, TeamViewer oder Facetime, um nur einige zu nennen, völlig normale Kommunikationstools. Wenn Sie diese Tools oder auch eine Videokonferenz aufsetzen, sollten Sie im Business-Kontext einige Punkte beachten:

- Wählen Sie sich zeitig ein.
- Seien Sie ca. 5 Minuten vorher online und halten Sie Ihren Account sichtbar.
- Kennen Sie sich mit der Technik aus? Ton und Bild sollten funktionieren.
- Ziehen Sie während des Gesprächs Ihr eigenes Bild möglichst in Richtung Kamera, dann schauen Sie sich selbst an und Ihr Gesprächspartner sieht Sie mit offenen Augen, die ihn anblicken. Der direkte Blick in die Kamera ist der perfekte Blick, dann wirkt es so als hätten Sie Augenkontakt.
- Es sollte Ihr ganzer Kopf oder die Gruppe zu sehen sein. Nur die Stirn oder eine Hälfte des Gesichts zu sehen, wirkt sehr unprofessionell.
- Denken Sie an das richtige Business-Outfit – egal ob Bewerbungsgespräch oder Geschäftskonferenz. Frisur und Kleidung sollten zum Anlass passen.
- Ihr Hintergrund sollte möglichst neutral sein und Ihr Umfeld ruhig. Hintergrundgeräusche wie Tassenklappern oder Nebengespräche sind extrem störend.
- Auch wenn Sie sich in Ihren vier Wänden befinden, sollte der Umgangston nicht zu locker werden.

Die Technologie hat es möglich gemacht, eine schnelle Kommunikation in internationalen Teams zu etablieren. Andere Tools für Projektmanagement (z. B. Trello, Basecamp) oder Vertriebsteams (salesforce.com, HipChat) machen das Leben einfacher, um komplexe Gruppenthemen abzubilden. Soziale Netzwerke tun ihr Übriges, um in Kontakt zu bleiben und eine gute Kommunikation zu unterstützen. Oft ist es aber doch das persönliche Treffen, das für die Karriere förderlich ist.

6.4 Meetings nachbereiten

Warum schreibt man nach einer Besprechung–egal, ob mit Kunden oder Kollegen – überhaupt ein Protokoll?

Im Protokoll werden die Ergebnisse einer Besprechung festgehalten. Es erleichtert die Erfolgskontrolle und kann darüber hinaus wichtige Impulse für das nächste Meeting liefern.

Es gibt verschiedene Arten von Protokollen. Hierzu gehören u.a. das Verlaufsprotokoll (jeder Einwand und jede Aussage werden aufgeschrieben) und das Ergebnisprotokoll (das Zusammenfassungen zu einem Agendapunkt beinhaltet). Auf das Ergebnisprotokoll werden wir im Folgenden näher eingehen.

Vollständige Angaben im Protokoll

- Anlass der Besprechung
- Teilnehmer, Verteiler
- Besprechungsort, Datum, Zeitraum
- Abteilung
- Unterschrift des Protokollführers/Besprechungsleiters
- Mitarbeiter, die einen Beschluss umsetzen sollen, werden namentlich genannt.

So ist das Protokoll formal korrekt:

- kurze, deutliche Sätze
- gut gegliederte Abschnitte nach Agendapunkten
- Neben den beschlossenen Maßnahmen immer den Verantwortlichen und den Abgabetermin setzen
- Anhänge mit Quellenangaben versehen
- keine umgangssprachlichen Ausdrücke

Zur besseren Übersicht bietet sich die Darstellung eines Protokolls in Tabellenform an. Ergänzende Angaben zum Protokoll, z.B. Statistiken mit Quellenangaben, werden an das Protokoll angehängt.

Vor dem Versand sollten Sie sich noch das letzte O.K. des Besprechungsleiters einholen, dass auch wirklich alle auf der Verteilerliste leseberechtigt sind und nicht irgendwelche hochsensiblen Daten in die falschen Hände gelangen. Das Protokoll kann dann an die Teilnehmer – anwesende, vertretene und entschuldigte – versendet werden.

Tipp !

Wenn Sie das Protokoll verschicken, bedanken Sie sich gleich bei den Teilnehmern für die Zeit, die sie sich genommen haben.

Nun können Sie auf mögliche Kommentare der Teilnehmer warten und diese als Update in das Protokoll eintragen. Ein einmal verabschiedetes Protokoll wird nicht mehr verändert.

Lockere Besprechungen in den USA
Etwas ungewöhnlich mag es einem Deutschen vorkommen, der in den USA an einer Besprechung teilnimmt. Hier kommt es vor, dass ein ständiges Kommen und Gehen gang und gäbe ist und eine eher lockere Stimmung herrscht. Alle Ideen sind willkommen und »great«. Ein wirkliches Lob haben Sie empfangen, wenn Ihre Bemerkung als »excellent« bezeichnet wird. Protokolle werden meist in Powerpoint erstellt und kritische Punkte werden als »Challenges« bezeichnet. Oft werden unter Zeitdruck Snacks oder Sandwiches serviert, während Sie noch präsentieren. Dies darf Sie nicht stören. Ein Lunch-Meeting ist dabei die Steigerung. Hier wird während des Mittagessens eine Powerpoint-Präsentation gehalten. Vorsicht: Nehmen Sie die Worte der Amerikaner nicht für bare Münze. »Interesting point« bedeutet meist »ganz schlecht« und der Vorschlag für ein neues Meeting zu einem aufgebrachten Thema ist oft nichts weiter als eine Möglichkeit, das Thema abzukürzen. Ein Meeting wird dazu nie stattfinden.

Angelsachsen möchten im Meeting unterhalten werden. Eine lange Firmengeschichte des Anbieters ist uninteressant. Die Frage ist eher: Was ist neu? Kommen Sie schnell auf den Punkt. Zahlen, Daten, Fakten sollten einfach aufbereitet sein und ein Fazit bzw. »Hard Selling« ist zum Ende durchaus angebracht.

Franzosen wollen sich nur austauschen
In Frankreich ist der Sinn eines Meetings, seine Gedanken auszutauschen, nicht aber, Dinge zu entscheiden. Wer in Frankreich von Ihnen ein Briefing vor dem Meeting erhält, wird wahrscheinlich gekränkt sein. Informationen gelten als Holschuld. Eine Agenda wird in Frankreich selten eingehalten. Protokolle hingegen können bis zu 20 Seiten umfassen und lesen sich wie Prosa. Nutzen Sie in Frankreich immer zwei Wege der Kommunikation. Eine E-Mail sollte per Telefon angekündigt werden oder lassen Sie sich den Erhalt per Telefon bestätigen und umgekehrt.

Japaner legen großen Wert auf Pünktlichkeit. Spontaneität, die sich in Wortmeldungen äußert, ist nicht erwünscht. Feedback wird nicht gegeben, damit keiner in der Gruppe hervorgehoben wird. Protokolle gelten als Vorbereitung und werden vor dem Meeting verteilt. Nach einer Besprechung erhalten Sie umfangreiche Berichte.

Wenn das Meeting zeitlich aus dem Ruder läuft
Der Moderator hat die Aufgabe, den Prozess während der Besprechung zu fördern, und nicht, ihn inhaltlich zu lösen. Läuft die Zeit in einer Besprechung davon, sollte der Moderator in den Ablauf eingreifen und das zeitintensivste Thema ausklammern. Dafür muss ein neues Meeting angesetzt werden. Le-

gen Sie möglichst gleich Termin und Ort dafür fest. Erkennt der Moderator beim dritten von fünf Agendapunkten, dass die angesetzte Zeit abgelaufen ist, muss er mit den Teilnehmern abklären, die übrigen Punkte zu vertagen. Wichtig ist, dass der Moderator in der Gruppe Konsens über die neue Vorgehensweise herstellt.

Tipp !

Oft werden Aufgaben wie die Protokollerstellung auf eine Person abgewälzt, die angeblich ein Händchen dafür hat. Schlagen Sie vor, diese Aufgabe rotieren zu lassen, so dass jeder einmal in den »Genuss« kommt, ein Protokoll zu schreiben.

Fazit

Um Besprechungen richtig vor- und nachzubereiten, sollten Sie alle Schritte von der Agenda bis zum Protokoll beherrschen. Nicht nur eine perfekte Vorbereitung und ein reibungsloser Ablauf einer Besprechung werfen beim Kunden ein gutes Licht auf Ihr Unternehmen, sondern auch die Versendung eines Protokolls einige Tage nach der Besprechung. Aufgaben und Vereinbarungen werden so nochmals für alle deutlich zusammengefasst.

Checkliste Meeting-Kultur	
1.	Besprechungen beginnen und enden pünktlich.
2.	Verantwortlichkeiten der Moderatoren:
	▪ Erstellen/Verteilen und Einhalten der Agenda
	▪ Vorgabe/Einhaltung Zeitvorgaben je Agendapunkt
	▪ Kommunizieren der Ergebnisse und Aufgaben
3.	Meetings laufen effektiv und produktiv ab:
	▪ Moderator und Teilnehmer sind zur Agenda vorbereitet
	▪ kurze und sachliche Themenbeiträge
	▪ lösungsorientierte Diskussionen
	▪ Handys sind ausgeschaltet
4.	Meeting-Protokolle enthalten:
	▪ Ergebnisse
	▪ Aufgaben
	▪ Zuständigkeiten
	▪ Termine

! **Übungen**

Übung 37: Sie verlassen nach positiven Verhandlungen mit Ihrem Kunden das Meeting. Was zeichnet jetzt einen stilvollen Verhandler aus?
Übung 38: Welche Punkte sollten Sie berücksichtigen, wenn Sie ein Meeting vorbereiten?

6.5 Fairness gegenüber Teilnehmern

Nachdem wir Ihnen Tipps für die Vorbereitung eines Meetings gegeben haben, kommen wir nun zum Verhalten gegenüber den Teilnehmern des Meetings. Es gibt inzwischen zahlreiche psychologische Erkenntnisse über die Verhaltensmuster von Männern in Gruppen, egal ob es sich nun um die Körpersprache oder um die Inhalte des Gesagten handelt. Eine Erkenntnis besteht darin, dass Männer tendenziell lauter sprechen und Gespräche gerne beherrschen. Wenn das in Ihrem Fall nicht so ist, umso besser. Aber was tun Sie, wenn Sie eher zu dem beherrschenden Typ Mann gehören? Hier ein paar Tipps:

- Werden Sie niemals laut, nur weil jemand anderer Meinung ist als Sie. Schreien Sie auch nicht bei hitzigen Debatten.
- Geben Sie Kollegen eine Chance, ihren Redebeitrag zu Ende zu führen. Hören Sie dabei gut zu, anstatt sich in Gedanken mit der Ausformulierung Ihrer nächsten Wortmeldung zu beschäftigen.
- Halten Sie gleichmäßig Blickkontakt zu allen Anwesenden. So zollen Sie den anderen Respekt und zeigen Aufmerksamkeit.
- Wischen Sie die Beiträge anderer nicht weg. Nehmen Sie sie ernst.
- Lassen Sie Frauen zu Wort kommen.

6.6 Die Presse als Partner

Angst vor der Presse und die Ungewissheit, wie die Presse über uns berichtet, können uns im Umgang mit Journalisten sehr verunsichern. Müssen Sie ihnen deshalb nach dem Mund reden? Wie gehen Sie stilsicher mit den Vertretern der Presse um? Es gehört nun einmal zum Beruf des Journalisten, neugierig zu sein. Seine Hauptaufgabe ist es, Informationen zu sammeln. Sehen Sie Journalisten nicht als Ihre Gegner, sondern als Ihre Partner. Je mehr Informationen Sie einem Journalisten über sich geben, desto besser und objektiver kann er Sie oder Ihr Unternehmen in der Öffentlichkeit darstellen.

Vorbereitung eines Interviews

Damit Sie sich besser auf ein Interview vorbereiten können, sollten Sie ein Vorgespräch vereinbaren. Am besten lassen Sie sich die Fragen im Vorfeld schicken. Falls Sie sich der Rückendeckung Ihres Chefs versichern wollen, gehen Sie die Fragen mit ihm noch einmal in aller Ruhe durch. Manchmal ist auch das Gespräch mit einem Kollegen hilfreich.

Gibt es keinen Fragenkatalog, sollten Sie auf jeden Fall die wichtigsten Aspekte und Stichpunkte abfragen, damit Sie sich vorbereiten können. Sie müssen dann aber während des Interviews mit spontanen Fragen rechnen. (Das kann Ihnen natürlich auch passieren, wenn Sie vorab einen Fragenkatalog erhalten haben.)

Um den Journalisten auf das Interview vorzubereiten, können Sie ihm Unterlagen über das Unternehmen oder eine Zusammenfassung der wichtigsten Fakten zukommen lassen.

Klären Sie, wie das Interview ablaufen soll. Ein klassisches Interview ist eine Frage/Antwort-Situation. Es kann aber auch sein, dass nur Ausschnitte aus dem Interview verwertet und in eine Reportage oder einen Bericht eingebunden werden. Ein Journalist ist jedoch an seine Aussage über die Art des Interviews gebunden.

Verhalten im Interview

Die Grundregel für Sie heißt: »Bleiben Sie Sie selbst!« Sie sind Mensch und müssen sich nicht verstellen. Sie dürfen ruhig zeigen, dass Sie nervös sind. Der Journalist ist es bestimmt auch. Entkrampfen Sie angespannte Situationen, indem Sie sich menschlich zeigen.

Sprechen Sie in kurzen Sätzen. Bleiben Sie beim Thema. Antworten Sie auf die Frage, die der Journalist gestellt hat, und nicht auf eine Frage, die Sie für besser halten. Falls es sich um ein TV-Interview handelt: Ein Interview von 30 Sekunden bleibt womöglich ungekürzt, werden Sie aber über fünf Minuten interviewt, können Sie davon ausgehen, dass Ihre Rede zusammengeschnitten wird. Nicht immer fällt dann der Schnitt so aus, wie Sie es sich wünschen. Nennen Sie deshalb das Wichtigste zuerst. Wenn Sie dabei die wichtigen Aspekte an das Ende Ihres letzten Satzes stellen, macht dies neugierig und Sie beeinflussen so eine Nachfrage des Journalisten. Aber bitte bleiben Sie auch hier kurz und bündig.

Einfacher ist besser

Sprechen Sie präzise und klar. Wenn Sie einem Journalisten Ihre wichtigsten Botschaften in Fachchinesisch erklären, wundern Sie sich nicht, wenn Sie am Ende Dinge lesen, die Sie selbst nicht verstehen. Machen Sie sich klar, dass ein Journalist von Ihrem Arbeitsbereich nicht soviel versteht wie Sie. Also müssen

Sie es ihm erklären. Ein kraftvolles reines Deutsch ist daher die beste Sprache und beugt Missverständnissen vor. Wenn Sie es schaffen, komplexe Inhalte in Vergleichen oder bildhafter Sprache auszudrücken, verstehen der Journalist und der Leser besser. Sie trainieren damit auch gleichzeitig Ihre eigenen sprachlichen Fähigkeiten.

Finden Sie heraus, ob Ihre Nachricht das Publikum interessiert. Nicht immer entspricht das, was Sie interessiert, auch dem, was die Leser oder Zuhörer wissen wollen. Ein Journalist kann eine Nachricht nur veröffentlichen, wenn sie auch einen Markt hat.

Soll Ihr Interview veröffentlicht werden, lassen Sie sich die Endfassung noch einmal vorlegen. Bei einem Interview in Frage/Antwort-Form ist der Journalist sogar dazu verpflichtet. Aber begehen Sie nicht den Fehler, den Text im Befehlston einzufordern. Sie wollen dem Journalisten nicht den Eindruck vermitteln, dass Sie ihm misstrauen bzw. seine Fähigkeiten bezweifeln. Sagen Sie beispielsweise: »Bei einem Interview ist es ja üblich, den Text noch einmal zu sehen. Wenn Sie ihn fertig haben, rufen Sie mich einfach an.«

Das Telefoninterview

Grundregel Nr. 1 lautet: Fasse Dich kurz! Sie haben meist nur 20 bis 30 Sekunden Zeit, Ihre Antwort zu formulieren. Um dies perfekt zu erledigen, sollten Sie sich gut vorbereiten. Wenn Sie mitten in einem Arbeitsvorgang angerufen werden, bitten Sie darum, in 15 Minuten zurückrufen zu können. Erstens werden Sie dann besser zuhören und zweitens können Sie sich auf die Thematik etwas vorbereiten. Dies wird auch im Interesse des Journalisten sein. Sollten Sie ein Live-Interview führen müssen, lassen Sie sich auch hier die Fragen vorher faxen.

Achten Sie darauf, dass Sie ein ruhiges Umfeld haben. Je weniger Geräusche oder Kommunikation im Hintergrund ist, desto besser ist die Qualität der Aufnahme. Auch der Schnitt ist für den Journalisten so sauberer zu realisieren.

Umgang mit schwierigen Gesprächspartnern

Haben Sie das Gefühl, Ihr Gesprächspartner ist Ihnen nicht wohlgesinnt? Schaffen Sie eine entspannte Atmosphäre, indem Sie vor dem Interview mit dem Journalisten ins Gespräch kommen. Reden Sie jetzt nicht über Geschäftliches oder die Themen des Gesprächs, sondern betreiben Sie Small Talk.

Richten Sie sich auf journalistische offene Fragen ein, die meist eng am Thema orientiert sind. Sollte Ihnen ein Journalist eine Unterstellung unterjubeln wollen, begegnen Sie dieser resolut. Oft ist eine Unterstellung in eine Frage eingebunden. Hierbei empfiehlt sich, den Sachverhalt zu berichtigen und dann auf die Frage einzugehen.

Lassen Sie sich eine unangenehme Frage noch einmal wiederholen. Dadurch gewinnen Sie Zeit, und meistens wird die Frage beim zweiten Mal weniger aggressiv gestellt. Oder lassen Sie sich eine Frage erklären, dies hat den gleichen Effekt. Vermeiden Sie, viel zu reden. Sie würden den Journalisten damit nur verärgern und das schafft kein gutes Klima. Außerdem kommen Sie dabei eventuell auf Themen, die gar nicht angesprochen werden sollten.

Tipp !

Überreichen Sie einem Journalisten niemals ein Geschenk, bevor Sie mit ihm das Gespräch geführt haben. Er fühlt sich sonst »geschmiert« und könnte Ihnen das sehr übel nehmen. Wenn Sie ihm unbedingt eine kleine Aufmerksamkeit überreichen wollen, dann nach dem Gespräch. Dabei sollte es sich wirklich nur um Kleinigkeiten handeln (Kugelschreiber mit Firmenzeichen, Kalender usw.).

Was sollten Sie auf Ihrer Pressekonferenz beachten?

- Seien Sie vor allem pünktlich. Bei Pressekonferenzen kann man sich Verspätungen nicht leisten. Am besten sind Sie eine halbe Stunde vor Beginn dort, um noch den ein oder anderen Small Talk mit den eintreffenden Journalisten zu führen. Zeigen Sie sich von der menschlichen Seite.
- Achten Sie auf Ihre Kleidung. Sie vertreten Ihr Unternehmen nach außen.
- Nach der Pressekonferenz gibt es eventuell einen kleinen Imbiss für die Journalisten. Hierbei können Sie gut Kontakte knüpfen.
- Sind Sie zu einer Pressekonferenz eingeladen, kommen Sie allein. Bringen Sie keine weiteren Personen mit, wenn Sie eine persönliche Einladung bekommen haben.
- Als Einladender verlassen Sie die Pressekonferenz erst, wenn die Pressevertreter gegangen sind. Sind Sie eingeladen, können Sie die Konferenz verlassen, wann Sie möchten, am besten aber erst nach Ende der Konferenz.

Übungen !

Übung 39: Welche Vorbereitungen sollten Sie bei einem Interview treffen?
Übung 40: Was sollten Sie auf einer Pressekonferenz auf jeden Fall beachten?

6.7 Auf der Messe überzeugen

Kennen Sie das? Ein potenzieller Kunde nähert sich interessiert einem Messestand. Er erblickt einen Verkäufer, der mit den Händen in den Hosentaschen lässig am Infotresen lehnt. Seinen Schuhen sieht man den weiten Weg über den Parkplatz an, die Absätze sind abgetreten, die Falten in den Kniekehlen sprechen für eine längere Anreise. Unser Kunde betritt den Stand und wird sofort mit der Standardfrage »Kann ich Ihnen helfen?« begrüßt.

Bedenken Sie: Selten treffen potenzielle Kunden und Anbieter so konzentriert aufeinander wie auf einer Messe. Hier gilt es, wahrgenommen zu werden und positiv im Gedächtnis zu bleiben. Heute gehen immer weniger Anwender, dafür aber immer mehr Entscheider auf Messen. Verkäufer und Standpersonal entscheiden über Erfolg oder Misserfolg eines Messeauftritts. Reines Sachwissen und die fachliche Qualifikation der Mitarbeiter allein genügen da nicht mehr. Gute Umgangsformen, Argumentationsgeschick und eine überzeugende Selbstpräsentation sind gefragt.

Da werden Stände für Millionen von Euro aufgestellt, Mitarbeiter für teures Geld eingeflogen und untergebracht und dann sitzen diese SMS-tippend auf Barhockern, lehnen rauchend am Infotresen oder schauen Damen in kurzen Röcken nach. Für manchen Verkäufer ist der Spaß bei einer Messe wichtiger als die Identifizierung von potenziellen Kunden.

So wird es ein korrekter Messeauftritt

- Hände aus der Hosentasche
  Sie können sich im Gespräch mit Kunden auch einmal eine Hand in die Tasche stecken, nicht aber, wenn Sie in Wartestellung sind und nach Interessenten Ausschau halten.
- Kunden ansprechen, nicht abschrecken
  Lassen Sie dem Kunden Zeit, sich umzusehen. Ihr Stand hat bereits sein Interesse geweckt, da müssen Sie nicht gleich über ihn herfallen.
- Achten Sie auf einen frischen Atem
  Da Sie an einem Messetag mit Kunden recht nah in Kontakt sind, wenn Sie Gespräche führen oder Demos vorführen, sollten Sie auf Ihren Atem achten. Ein schlechter Atem kann ein Gespräch schnell beenden. Um den Atem zu erfrischen, sollten Sie aber auf Kaugummi verzichten. Ein Pfefferminzplätzchen wäre hier eher angebracht.
- Öfter mal eine Pause machen
  Pausen wirken nicht nur erfrischend auf Ihre Kunden. Auch Sie sind fitter und können Ihre Interessenten besser begeistern.

- Nicht zu viel Kaffee trinken
  Ihr Atem wird durch zu viel Kaffeekonsum unangenehm und Sie kommen schneller ins Schwitzen.
- Keine Grüppchen unter Kollegen
  Stehen Sie auf dem Messestand mit Ihren Kollegen zusammen, wirkt dies eher wie ein Kaffeeklatsch. Sie sind nicht auf der Messe, um Ihre Kollegen näher kennenzulernen, sondern um Kunden zu akquirieren.
- Keine Modenschau veranstalten
  Halten Sie sich mit Ihrem äußeren Auftreten an den Business-Dresscode. Auffallende Kleidung ist etwas für Messen in der Modebranche oder für Messehostessen, die für Showeinlagen gebucht werden.
- Dresscode – weniger ist nicht immer mehr!
  Mit weit offen stehenden Hemden, aus denen schwarze Brusthaare herausschauen, ziehen Sie vielleicht die Blicke mancher Frauen auf sich. Denken Sie daran, dass Sie Interessenten für Ihr Unternehmen, aber keine Interessentinnen für sich gewinnen wollen.
- Einheitliches Auftreten (Kleidung in Corporate Identity)
  Kunden können so leichter erkennen, wer zum Stand gehört. Gibt es keine einheitliche Kleidung, reicht es oft schon aus, wenn Sie sich auf einheitliche Farben der Kostüme und Anzüge einigen. Tücher und Krawatten sollten ebenso abgestimmt werden.
- Handy nur außerhalb des Standes
  SMS tippen, Ihre Mailbox abfragen und telefonieren sollten Sie nicht auf dem Stand. Wenn Sie sich für diese Tätigkeiten eine ruhige Ecke suchen, ist es für Sie im Übrigen viel einfacher, sich zu verständigen.
- Nicht an der Messetheke abstützen
  Ist auch der Messetag lang und drücken die Schuhe, lehnen Sie sich nicht an den Messestand an oder stützen sich nicht auf ihm ab. Kunden mögen vielleicht Mitleid mit Ihnen haben, aber ein gutes Bild geben Sie so für Ihre Firma nicht ab.
- Interessenten nicht an der Standkante anfallen
  Warten Sie ca. ein bis zwei Meter innerhalb des Standes auf Interessenten. Geben Sie Kunden die Möglichkeit, sich auf Ihrem Stand umzuschauen. Stehen Sie an der Standkante, wirken Sie auf manche vielleicht auch wie ein Türsteher, der nicht allen Zutritt gewährt.

- Gute Ansprache
  Überraschen Sie Ihre Interessenten mit einer ausgefallenen Ansprache statt mit der üblichen Frage »Kann ich Ihnen helfen?« (Wenn der Kunde hierauf »Nein« sagt, ist ein weiteres Gespräch kaum mehr möglich!) Starten Sie Ihre Bedarfsanalyse mit Fragen, die zum Erzählen animieren, z. B.: »Mit welchen ProduktenarbeitenSieeigentlich?HabenSieunsereschoneinmaleingesetzt?« Visitenkarten austauschen und Infomaterial/Angebot nachschickenBieten Sie Kunden oder Interessenten an, dass Sie Ihnen Infomaterial zusenden, lassen Sie sich die Visitenkarte geben und füllen Sie anschließend einen sogenannten »Leadbogen« aus. Halten Sie die Wünsche des Kunden dort fest. Wenn Sie alle Informationen über ihn aufschreiben, können Sie sich später besser an ihn erinnern. Aber vergessen Sie nicht, versprochene Leistungen auch zu erbringen. Tackern Sie die Visitenkarte niemals an den Gesprächsbogen, solange der Inhaber der Karte noch dabei ist.
- Termine mit Frontdesk absprechen und immer abmelden
  Informieren Sie Ihr Standpersonal über Kunden, mit denen Sie einen Termin auf dem Stand vereinbart haben. Melden Sie sich auch beim Infostand Ihres Messestandes ab, damit Besuchern immer Auskunft gegeben werden kann, wenn Sie nicht am Stand sind. Einen Terminplan zu führen für alle Mitarbeiter, die auf dem Stand arbeiten, ist durchaus sinnvoll und wirkt gegenüber Dritten kompetent und organisiert.
- Namenschilder immer rechts tragen
  Wenn Sie auf Messen oder Veranstaltungen Namenschilder zum Anstecken einsetzen, werden diese auf der rechten Seite getragen. Es ist zwar sehr praktisch, ein Namenschild auf der linken Seite des Jacketts anzubringen, da dort meist eine Tasche ist. Aber Ihr Gegenüber kann während des Händedrucks (rechte Hand) schnell auf Ihr Namenschild spicken, ohne dass es auffällt.

7 Business-Dresscode für Männer

Männer sind modebewusster geworden. Dieser Trend zeigt sich auch im Business-Dresscode. Schlecht sitzende Anzüge, wild gemusterte Krawatten und kurze Socken in schmutzigen Lederschuhen werden nur noch selten gesichtet. Stil und Qualität sind gefragt. Mit welchem Business-Outfit Sie zu welchen Anlässen richtig angezogen sind, ist Thema dieses Kapitels.

Natürlich reicht es im Job nicht aus, gut auszusehen. Doch wer seiner fachlichen Qualifikation mehr Ausdruck verleihen möchte, sollte auf sein optisches Erscheinungsbild achten. Denken Sie jeden Morgen beim Anziehen daran, dass Sie Ihr Unternehmen nach außen repräsentieren.

Kleidung ist ein Teil unsere Kommunikation. Wenn Sie in den unterschiedlichsten Situationen und mit den unterschiedlichsten Menschen erfolgreich kommunizieren wollen, brauchen Sie für jeden Anlass die passende Kleidung.

Tipp !

Sollten Sie viele Kundentermine haben, notieren Sie sich, welches Outfit Sie zu welchem Kunden angezogen haben. So kommt es nicht vor, dass Sie zwei Mal hintereinander mit demselben Anzug zum Kunden kommen.

7.1 Die Bedeutung von Farben im Berufsalltag

Die klassischen Farben für das korrekte Business-Outfit basieren auf Grau, Blau und Braun. Schwarz ist nur bei den kreativen Berufen als Businessfarbe wirklich etabliert.

Grau wirkt seriös, aber unauffällig und weniger streng als Schwarz. Tragen Sie also Grau, wenn Sie keine herausragende Position einnehmen möchten.

Dunkelblau wirkt immer noch lebendiger als Grau. Wer Blau trägt, vermittelt, dass er farblich am Leben teilnimmt und vital ist. Mit Blau werden viele gute Eigenschaften wie Harmonie, Treue, Vertrauen und Zuverlässigkeit verbunden. In dunkelblauer Kleidung wirken Sie also korrekt und vertrauenerweckend.

Sehr dunkle Anzüge und weiße Hemden verleihen Ihnen etwas Distanziertes und Unnahbares. Vorsicht also, wenn Sie ein Gespräch führen wollen, in dem der Partner sich öffnen soll.

Braun wirkt ungekünstelt, sympathisch und freundlich, strahlt Sicherheit aus und fördert das Vertrauen. Die Regeln »No brown after six« oder »No brown in town« gelten im Business nur teilweise. Diese Stilregeln bezogen sich vor allem auf die Schuhe und werden immer lockerer gehandhabt. Wenn Sie also auf der sicheren Seite sein wollen, tragen Sie abends einen dunklen Anzug mit schwarzen Schuhen.

Ihr Business-Outfit ist eine Mitteilung an Ihre Gesprächspartner. Kleiden Sie sich also im Berufsleben so, wie Sie Ihr Image gestalten möchten. Verkaufen Sie beispielsweise Investitionsgüter auf Vorstandsebene, müssen Sie mit Ihrer Kleidung Professionalität und Glaubwürdigkeit ausstrahlen. Beachten Sie aber auch den Dresscode Ihrer Kunden. Treten Sie bei einem mittelständischen Betrieb im Bayerischen Wald im schwarzen Designer-Anzug auf, wäre das unpassend.

7.2 Der Anzug

Der Anzug ist das Kernstück des Business-Outfits. Achten Sie bei Ihrer Grundausstattung auf guten Sitz und Qualität.

Hier gilt die Regel: Wer billig kauft, tut sich keinen Gefallen. Denn schlechte Passform ist schlechter Stil und die Stoffqualität zeigt sich bereits nach wenigen Kilometern Autofahrt. Gute Stoffe knittern nicht so leicht und hängen sich schneller wieder aus.

Um den richtigen Anzug für einen Anlass zu finden, müssen Sie etwas über Stoffe wissen. Ein normaler Tagesanzug, der zum Sitzen und Reisen taugen soll, darf als Ganzjahresmodell aus einem gröberen Gewebe sein als ein Businessanzug, der speziell für Geschäftsabschlüsse und die darauf folgenden Essen erstanden wird. Sommeranzüge mit italienischer Linie sind leichteren Stoffen zuzuordnen und ihre Knitterfreudigkeit fast nur mit Kunstfaserbeimischungen und speziellen Ausrüstungen zu bändigen. Das Gefühl für die Stoffe entwickeln Sie recht schnell. Nehmen Sie sich am besten einen kleinen Einkaufsbummel vor, bei dem Sie verschiedene Anzüge probieren.

Welchen Anzug tragen Sie zu welchem Anlass?
In der folgenden Liste nennen wir Ihnen für die verschiedensten Gelegenheiten das passende Outfit.

- Kundenerstkontakt, Tagung, Besprechung, Büroalltag
  Einreiher (mit Rückenschlitz) mit oder ohne Weste, Kombinationen; Grau, Blau, Brauntöne, im Sommer auch Beige; Uni, Nadelstreifen, Glencheck und weitere dezente Muster.

- Geschäftsessen
  Einreiher (mit Rückenschlitz) mit oder ohne Weste; Zweireiher (mit seitlichen Rückschlitzen); Grau, Blau.
- Empfang
  Einreiher mit Weste; Zweireiher; Schwarz. Feinen Stoff wählen.
- Festlicher Anlass (falls kein Smoking erwartet wird)
  Einreiher mit oder ohne Weste oder Zweireiher; Schwarz. Achten Sie auf Paspeltaschen, steigende Revers und einen schlitzlosen Rücken.

Kombinationen (Hosen und Sakko in verschiedenen Farben) sind in Deutschland auf Managementebene häufig verpönt.

Verzichten Sie besser auf Pullover oder Pullunder beim Business-Anzug. Sie sind aber in der Freizeit, z.B. kombiniert mit einem Cordsakko, gerne gesehen.

Wie werden Anzüge geknöpft?
Das **Einreiher-Jackett** (auch mit Weste) sollten Sie in Steh-Situationen immer wie folgt schließen:

- 2-Knopf-Sakko: oberer Knopf
- 3-Knopf-Sakko: nur der mittlere Knopf oder die beiden oberen

Tipp !

Denken Sie daran, Ihr Sakko immer zu schließen, wenn Sie aufstehen.

Das **Zweireiher-Jackett** bleibt stets geschlossen, auch im Sitzen.

Tipp !

Schließen Sie nicht den untersten Knopf bei einer Herrenweste. Der Grund: Selbst eine gut sitzende Weste, die nicht zu eng geschnitten ist, würde beim Sitzen Querfalten werfen.

Maßanzüge können am ehesten den perfekten Sitz haben, da der Schneider fast alle körperlichen Makel des Trägers ausgleichen kann. Die Details der Ausstattung wie durchgeknöpfte Ärmelschlitze, Handstichkante u.Ä. findet man auch an maßkonfektionierten Anzügen und zum Teil an Konfektionsware. Die Passform ist hier das Maß der Dinge.

Leben Sie in Bayern oder anderen Regionen mit einer eigenen Trachtenkultur, ist es durchaus stilvoll, Ihre Tracht zu besonderen Anlässen zu tragen. Geht ein Handwerker beispielsweise in seiner Tracht zu einem Banktermin, ist er korrekt gekleidet.

Bewegen Sie sich geschäftlich in osteuropäischen Ländern wie Polen, Ungarn, Slowenien sowie Estland, Lettland und Litauen, achten Sie auf ein korrektes Business-Outfit. Anzug und Krawatte sind bei Geschäftsterminen Pflicht. Grundsätzlich kleidet sich die Bevölkerung in diesen Ländern disziplinierter als bei uns und das sind nur einige Beispiele.

7.3 Mit Krawatte zeigen Sie Stil

Zum perfekten Business-Outfit gehört häufig immer noch die Krawatte. Immer mehr Branchen legen langsam die Binder ab, ob dies jedoch schon auf Ihr berufliches Umfeld zutrifft, sollten Sie selbst sehr genau prüfen. Als kleiner Hinweis zur Sensibilisierung kann die Aussage gelten, dass in der Konsumgüterindustrie die Tendenz, ohne Krawatte zu agieren, deutlicher ist als in der Investitionsgüterindustrie. Sind Sie in einer höheren Position im Bereich von Finanzanlagen, lässt sich immer noch eindeutig sagen, dass Sie mit Krawatten Ihren Stil abrunden. Tragen Sie deshalb bitte keine Krawatten mit wilden Mustern oder Weihnachtsmännern (es sei denn Sie wollen andere zum Lachen bringen). Holzteile oder Leder haben, außer bei Designern, auch nichts an Krawatten zu suchen. Verzichten Sie auf Krawattenklammern und -nadeln, solange diese nicht wieder in Mode sind.

Der oberste Hemdknopf ist unter der Krawatte immer zu, der Kragensteg muss geschlossen sein. Ein loser Krawattenknoten und ein offener oberster Hemdknopf sind stillos. Bei durchschnittlicher Körperproportion sollte die Krawattenspitze im Bereich der Gürtelschließe enden.

! **Tipp**

Legen Sie beim Essen–egal ob Kantine oder Restaurant–die Krawatte zum Schutz vor Flecken niemals auf die Schulter. Bitte stecken Sie sie auch nicht in das Hemd. Hier hilft nur: aufpassen und eine Ersatzkrawatte im Schreibtisch lagern.

Wie bindet man eine Krawatte?

Die schönste Krawatte taugt nur soviel wie ihr Knoten, und umgekehrt. Die Fragen, welcher Knoten zum jeweiligen Träger optimal passt, ist von der Physiognomie abhängig. Bei den Farben, Designformen und Materialien kommt es vorrangig auf den dazu getragenen Anzug an. Blaue Businessanzüge wirken auch noch harmonisch, wenn im Schlips ihre Konträrfarbe, z.B. Rot-Orange eingearbeitet ist. Zu einem braunen Anzug können Sie eine Krawatte mit Brauntönen wählen. Helle und dunkle Töne einer Grundfarbe passen meistens auch gut zusammen.

Es gibt verschiedene Krawattenknoten, die an den jeweiligen Hemdkragen oder die Halsgröße angepasst werden können. Auch Ihre Kopfgröße spielt eine Rolle. Große Köpfe brauchen große Knoten, breite Schädelformen auch breitere Knotenformen. Probieren Sie verschiedene Knoten aus. Lassen Sie sich von einem guten Verkäufer beim Herrenausstatter beraten.

Tragen Sie keine Querbinder (Fliegen und Schleifen) zur Business-Kleidung. Selbst Fliegen aus edelster Seide sind selten ein korrekter Krawattenersatz (bei Frack und Smoking jedoch ein Muss). Träger von Querbindern möchten ihre Andersartigkeit demonstrieren. Bei einem bekannten Wissenschaftler, der für seine provokanten Thesen bekannt ist, mag dies angebracht sein. Ein frisch gebackener Hochschulabsolvent sieht damit nur lächerlich aus.

Möchten Sie ein Einstecktuch tragen, wählen Sie ein Tuch passend zu mindestens einer Farbe Ihrer Kleidung. Das Tuch sollte nicht das gleiche Dessin haben wie die Krawatte.

7.4 Stilvolle Business-Hemden

Das Business-Hemd ist langärmelig und ein T-Shirt darunter nicht annähernd so gut wie ein gutes Unterhemd (natürlich kein Trägerunterhemd Marke Bauarbeiter). Das T-Shirt unter dem Hemd wärmt sicher wunderbar, ist aber optisch ein Fauxpas.

Tipp !

Achten Sie darauf, dass Unterhemden nicht durch das Oberhemd durchscheinen. Wenn beide unterschiedliche Farben haben, kann dies leicht passieren. Es sieht auch nicht gut aus, wenn man unter dem Stoff Ihres Hemdenärmels den Armansatz Ihres Unterhemdes erkennen kann.

Zum klassischen Business-Anzug trägt ein Mann keinen »Button-down-Kragen«, also solche, die geknöpft sind. Je nach Geschmack wählen Sie einen Haifisch-, Kent-, Windsorkragen oder klassische Hemdkragen.

Achten Sie bei den Manschetten darauf, dass sie anliegen, ohne unbequem zu sein, und mindestens einen Zentimeter unter dem Sakkoärmel hervorschauen.

! **Tipp**

Tragen Sie Kombimanschetten nie mit Manschettenknöpfen, das ist ein grober Stilbruch. Erneuern Sie Ihre Hemden regelmäßig, denn der teuerste Anzug wirkt durch abgestoßene Manschetten oder Hemdkragen ungepflegt.

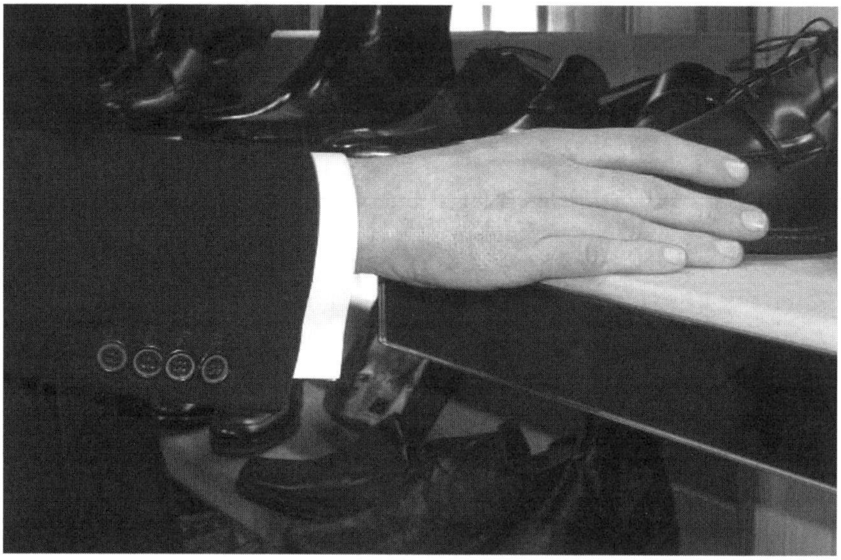

Abb. 4: Richtig: Die richtigen Längen der Hemden- und Sakkoärmel sorgen für ein schönes Bild und schützen das Jackett vor Körperschmutz und Verschleiß.

! **Tipp**

Nur wenn der Ranghöchste in einem geschäftlichen Gespräch seine Zustimmung signalisiert, sollten Sie das Jackett ablegen, die Krawatte ablegen, Knöpfe öffnen und Ärmel hochkrempeln.

7.5 Schuhe und Socken

Kommen Sie besser niemals mit Sandalen oder Birkenstockschuhen ins Büro. Auch wenn Sie glauben, dass Sie heute keinen wichtigen Termin haben. Sie wissen nie, was der Tag noch für Überraschungen bringt. Übrigens sind Turnschuhe auf der Karriereleiter zwar theoretisch vorstellbar (seit Steve Jobs wissen wir das), aber auch in der heutigen Zeit bleiben sie besser den kreativen Berufen vorbehalten.

Je glatter der Anzugstoff, desto glatter sollte auch die Oberfläche des Schuhs sein. Tragen Sie bitte keine braunen Schuhe zu schwarzen Anzügen, wenn Sie kein Stirnrunzeln provozieren wollen.

Bei festlichen Veranstaltungen sind schwarze, glatte Schuhe immer eine gute Wahl. Zum Smoking passt ein schwarzer Schuh auf Hochglanz poliert mit dünner Sohle, am besten aus feinem Kalbleder, oder ein Lackschuh, da die Hochglanzpolitur eine zeitaufwendige Angelegenheit darstellt.

Legen Sie viel Wert auf die Schuhpflege. Ungeputzte Schuhe und abgetretene Absätze hinterlassen einen schlechten Eindruck und werden als Gleichgültigkeit interpretiert. Vergessen Sie auch nicht, die Preisschilder unter den Sohlen zu entfernen.

Tipp !

Lederwaren sehen schnell schäbig oder gebraucht aus, wenn sie nicht gepflegt werden. Sehen Ihre Schuhe, Mappen, Taschen ausgetrocknet aus, weiß der Beobachter, wie wenig Sie sich darum kümmern. Regelmäßig etwas Sprühwachs ist die Minimalpflege, die oft schon kleine Wunder bewirkt. Wer seine Stücke liebt, sollte für den Pflegemitteleinkauf zum Sattler, Täschner oder Schuhmacher gehen. Nur die besten Fachhändler sind so tief in der Materie bewandert, dass man mit der Umsetzung der Tipps ausnahmslos Gutes tut.

Dass Tennissocken nicht unter Anzüge gehören, hat sich zwischenzeitlich herumgesprochen. Auch gemusterte Socken oder solche mit Comic-Motiven tragen Sie besser nur in der Freizeit.

Die Strümpfe zum Anzug sollen den Blick auf nackte Waden und Schienbeine nicht freigeben. Es gibt so genannte Business-Socken im Handel, die etwas länger als normale Socken sind, jedoch kürzer als Kniestrümpfe. Kniestrümpfe sind jedoch die sicherste Wahl und bieten in der kalten Jahreszeit einen weiteren wärmenden Vorteil. Strumpf- und Hosenlänge sollten so abgestimmt sein, dass Schienbein und Wade bedeckt bleiben.

Dass die Strümpfe farblich zur Hose oder den Schuhen passen und das Material auch von der Oberflächenstruktur eine Verbindung zu diesen haben sollte, ist noch nicht jedem bekannt. Tragen Sie dunkle Schuhe zu einem hellen Anzug, sollten die Strümpfe zu den Schuhen passen, falls Sie den Farbton der Hose nicht treffen. Übrigens: Nackte Füße sind auch in den feinsten italienischen Wildlederschuhen unangebracht.

7.6 Lederwaren

Kleidung und Accessoires können Bestandteile aus Leder haben. Damit diese sich angenehm in das Gesamtbild einfügen, sollten mindestens deren Grundfarben einheitlich sein, d.h. alles in Schwarz oder alles in Braun. Wer es noch perfekter machen möchte, bezieht die Struktur und Verarbeitung in seine Überlegungen mit ein. Somit wird ein Kalbledergürtel zu Kalblederschuhen getragen und Pferdelederqualität zu Pferdelederqualitäten.

7.7 Schmuck bei Männern

Manschettenknöpfe, Armbanduhr und ein bis zwei Ringe sind meist ausreichend, um zu »glänzen«, mehr ist zu viel. Schon ein Armband sorgt in konservativeren Kreisen immer noch für hochgezogene Augenbrauen. Ohrringe bei Männern werden vielerorts als unseriös empfunden. Wer unbedingt eine Halskette tragen möchte, sollte das Hemd geschlossen halten.

Die Armbanduhr hat ihren Platz als Statussymbol und Ausdruck der Persönlichkeit in unserer Gesellschaft gefunden. Grundsätzlich gehört zum Business-Outfit auch eine wertige oder gar keine Uhr. Wie auffällig eine Uhr sein sollte, entscheidet der Eindruck, den Sie bei Ihrem Gegenüber hinterlassen möchten. Machen Sie sich die Wirkung einer Markenuhr auf Ihren Kunden klar und überlegen Sie sich, welchen Einfluss dies auf Ihre Geschäftsbeziehung haben kann.

Auf Taucheruhren und andere Uhren mit Freizeitcharakter sollten Sie im Job verzichten, wenn Sie keine geeignete Sinnverbindung herstellen können.

Das offene Zeigen von Tattoos ist in vielen Branchen immer noch nicht gerne gesehen. Möchten Sie trotzdem nicht auf Ihr persönliches Markenzeichen verzichten, sollten Sie es verdeckt tragen.

! **Wie locker ist der Casual Friday?**

Auch wenn es einen Casual Friday gibt, vergessen Sie nicht, dass Sie im Büro sind. Der Casual Friday ist nicht so locker, wie manche Menschen ihn verstehen.
Woher kommt der Casual Friday? Eine Erklärung besagt, dass am Freitag die Anzüge zur Reinigung gebracht wurden, damit man sie am Montag wieder zum Kundentermin tragen konnte.

Gegen eine Jeans mit Hemd und Sakko ist dagegen vielerorts nichts einzuwenden. Auch die beigefarbene Baumwollhose mit Hemd oder Pullover ist eine gute Empfehlung, wenn Sie in einem entsprechend liberalen Unternehmen arbeiten.

Fazit

Achten Sie immer auf Ihr optisches Erscheinungsbild, denn der erste Eindruck basiert auf Äußerlichkeiten. Bleiben Sie Ihrem Stil treu. Wer seinen eigenen

Stil pflegt, beweist Selbstsicherheit und Souveränität. Wer ständig seinen Stil mit der Mode wechselt und trägt, was »in« ist, obwohl es vielleicht nicht zur Persönlichkeit und zum Alter passt, macht sich schnell lächerlich. Bleiben Sie lieber bei dem, worin Sie sich wohl fühlen und wissen, dass es Ihnen steht.

Kleiderpflege
Je besser Sie Ihre Kleider pflegen, desto länger werden Sie darin gut aussehen. Ein paar einfache und wirkungsvolle Maßnahmen sollten Sie zu Ihrer Routine machen. Hängen Sie Sakkos immer auf passend breite Formbügel – das sind Kleiderbügel mit Formenden – und lassen Sie Ihre Anzüge, speziell die Hosen, regelmäßig bügeln oder aufdämpfen, um sie von Falten zu befreien. Ein weiterer Tipp, den früher jeder Kammerdiener und Butler beherzigte: Mit einer einfachen Kleiderbürste aus Rosshaar lassen sich der Straßenstaub und alle Arten von Haaren wunderbar entfernen. Selbst wenn man keinen Staub sieht, kann man davon ausgehen, dass er da ist. Bei Schuhen brauchen Sie sich nicht zu fragen, ob Bürsten angebracht wäre, tun Sie es einfach. Besonders an den wenig zugänglichen Stellen, wo das Oberleder sich der Sohlenkonstruktion nähert, sammelt sich Dreck, den jeder leichter erkennt als der Träger des Schuhs. Bürsten Sie Ihre schöne Fußbegleitung also nach jeder Benutzung mit einer weichen Schuhbürste. Groben Schmutz können Sie mit einem angefeuchteten Tuch abwischen und danach mit einer hochwertigen, silikonfreien Schuhcreme das Leder wieder pflegen. Holzspanner, die jedoch nicht wirklich spannen, also das Leder ausdehnen, ergänzen die Pflege, sofern die Form des Spanners der des Schuhs entspricht. Kaufen Sie beides zusammen oder nehmen Sie zumindest beim Kauf des einen den bereits erstandenen Teil mit.

Übungen !

Übung 41: Sommer, Sonne. Ein Kundentreffen steht an. Was trägt der stilvolle Mann in Deutschland?
Übung 42: 30 Grad im Meetingraum. Wann ziehen Sie Ihr Jackett aus?
Übung 43: Das neue Business-Hemd wurde erst wenige Male gewaschen, aber die Kragenecken sind schon abgewetzt. Was machen Sie mit dem Hemd?
Übung 44: Durch Ihre Kleidung kommunizieren Sie mit Ihren Mitmenschen. Wie könnte Ihr Vorgesetzter einen unangemessenen Kleidungsstil interpretieren?

7.8 Körperpflege

Nicht nur Ihre Kleidung, sondern auch das Erscheinungsbild Ihrer Haut, Ihres Haares sowie Ihr Körpergeruch tragen zum ersten Eindruck bei. Sie können noch so modisch gekleidet sein, kommen Sie drei Tage hintereinander im selben verschwitzten Outfit, kann dies durchaus Ihrem Image schaden. Mit einer ungepflegten Erscheinung signalisieren Sie Ihren Mitmenschen die Missachtung der eigenen Person, was sich auch auf die Umgebung übertragen kann. Manche Menschen fühlen sich hierdurch gering geschätzt. Das kann unangenehme Folgen für Sie haben.

Welches ist nun aber die korrekte Frisur im Business? Was den Haarschnitt betrifft, so haben Sie freie Hand. Langes Haar ist aber nicht unbedingt von Vorteil in Branchen, die konservativ sind. Festhalten kann man jedoch, dass Sie stets frisch gewaschenes Haar haben sollten. Ihren Haarschnitt überprüfen Sie regelmäßig. Ihr Nacken muss ausrasiert sein. Kontrollieren Sie ab und zu Ihre Schultern auf Schuppen oder Haare.

Ihre Augen, Mund und Nase sind immer im Blickfeld des anderen. Schneiden Sie deshalb eventuelle Nasenhaare regelmäßig. Gezupfte Augenbrauen sind nicht nur den Frauen vorbehalten. Wachsen Ihre Augenbrauen buschig und in der Mitte zusammen, lohnt sich auch für Herren ein Besuch bei der Kosmetikerin.

Die Fingernägel müssen stets gepflegt geschnitten und sauber sein. Die Gartenarbeit vom Wochenende sollte am Montag möglichst nicht mehr sichtbar sein.

Riechen Sie gut?
Körpergeruch ist ein für die Betroffenen, aber auch für die Mitmenschen sehr unangenehmes Thema.

Was hilft gegen Körpergeruch?
- Täglich duschen.
- Achselhaare rasieren. Bakterien, die zur Geruchsbildung führen, verlieren dadurch ihren Nährboden.
- Kleidung aus Kunstfaser meiden, sie können bestimmte Schweißbestandteile absorbieren und dadurch selber zur Geruchsquelle werden.
- Regelmäßig die Kleidung wechseln und waschen. Auslüften beseitigt meist nicht alle Gerüche.
- Reduktion der Schweißproduktion durch Einsatz eines Antitranspirants.
- Geruchsüberdeckung durch Parfüm ist nur begrenzt wirksam.

Gesunde und gepflegte Zähne wirken anziehend. Ein freundliches Lächeln symbolisiert dem Gesprächspartner Offenheit, Optimismus und Selbstbewusstsein. Gerade in beruflichen Verhandlungen, bei denen Ihr erster Eindruck von großer Bedeutung ist, trägt ein natürliches Lächeln wesentlich zum Erfolg bei.

8 Geschäftsessen

Hätten Sie gedacht, dass ein Geschäftsessen über Ihr berufliches Fortkommen entscheiden kann? Hier können Sie sehr viel falsch machen, angefangen bei der Auswahl eines Restaurants bis hin zu den Tischgesprächen. Wie Sie sich als perfekter Gastgeber bzw. Gast hier zu Lande, aber auch im Ausland erweisen, sagt Ihnen dieses Kapitel.

Ziel eines Geschäftsessens ist es, einen Geschäftsabschluss zu feiern, einen bestehenden Kontakt zu intensivieren oder ein neues Projekt anzuregen. Die Umgebung des Geschäftsessens soll anregende Gespräche fördern. Da Sie bei einem Geschäftsessen über einen größeren Zeitrahmen (ca. zwei bis drei Stunden) verfügen als in einem Meeting, bekommen Sie mehr Informationen von Ihrem Gesprächspartner.

Das Geschäftliche kommt nach dem Dessert

Natürlich möchten Sie während eines Geschäftsessens auch über das Geschäftliche sprechen. Bedenken Sie aber, dass Sie nicht die ganze Agenda, die Ihnen auf dem Herzen liegt, besprechen müssen. Nehmen Sie nur die ein oder zwei wichtigsten Punkte in Ihr Tischgespräch auf. Sprechen Sie diese Punkte möglichst erst nach dem Dessert an. Kommt Ihr Geschäftspartner aber von selbst auf das Thema Business, müssen Sie nicht länger zurückhaltend sein. Vereinbaren Sie einen separaten Termin, um geschäftliche Themen intensiv bei einem Meeting besprechen zu können.

Gastgeber und Gäste sollen sich zwanglos in einer angenehmen Atmosphäre austauschen. Achten Sie im Übrigen darauf, das Restaurant sorgfältig auszuwählen. Durch die Wahl des Restaurants senden Sie Ihrem Kunden Signale von Status und Relevanz. Ebenso kann der Abstand der Tische ein Auswahlkriterium sein, wenn nicht jeder Ihr Gespräch verfolgen soll.

8.1 Geschäftsessen zielorientiert vorbereiten und durchführen

Bei der Vorbereitung eines Geschäftsessens sollten Sie sich folgende Fragen stellen:

- Wo fühle ich mich wohl?
- Wie hoch ist die Auftragssumme?
- Welches Restaurant passt zum Gast und zum Anlass?

Wählen Sie einen zentral gelegenen Ort und eine für den Gast günstige Zeit. Suchen Sie nicht gerade ein Restaurant in der Stadtmitte aus, das in der Hauptverkehrszeit nur schwer zu erreichen ist.

Stellen Sie eindeutig klar, dass Sie der Gastgeber sind und den Kunden einladen. Auch im Restaurant sollte dem Kellner schnell bewusst werden, dass Sie seine Ansprechperson sind. Dies zeigen Sie dadurch, dass Sie auf den Kellner zugehen und mit den Worten »Guten Abend, ich habe einen Tisch reserviert auf den Namen Müller« auf einen reservierten Tisch verweisen.

Was mag Ihr Gast?
Finden Sie im Vorfeld heraus, welche Vorlieben Ihr Gast hat. Ist er offen für Neues oder eher ein Liebhaber der traditionellen Küche? Entweder befragen Sie im Vorfeld die Assistenz oder Ihren Gast direkt bei der Einladung.

Besuchen Sie mit wichtigen Kunden nur Lokalitäten, auf die Sie sich hundertprozentig verlassen können. Ein schlechter Service oder ungenießbare Gerichte hinterlassen bei Ihren Kunden keinen guten Eindruck. Und sind weder für die Verdauung noch für die Geschäftsbeziehung förderlich.

Vegetarier und Diätpatienten sollten sich als solche »outen«, sobald die Einladung ausgesprochen ist. Sind Sie eingeladen und haben Sie eine Fischallergie, lassen Sie dies Ihren Gastgeber wissen. So kommt es nicht zu peinlichen Situationen, wenn Ihr Gastgeber Sie in das berühmteste Fischrestaurant in der Stadt einlädt. Laden Sie ein und wollen wissen, ob Vegetarier oder Diätpatienten in der Gruppe sind, fragen Sie gleich bei der Einladung nach oder bitten Sie die Teamassistentin um Informationen.

Erscheinen Sie unbedingt ein paar Minuten vor Ihren Gästen im Restaurant. So können Sie sich Ihren Tisch anschauen und letzte Korrekturen vornehmen. Außerdem müssen Sie Ihre Gäste ja begrüßen, sobald sie eintreffen.

Laden Sie eine große Gruppe ein (z.B. ab zehn Personen), ist es ratsam, ein Menu inklusive der Weinwahl vorzubestellen. So vermeiden Sie lange Bestellarien bei Tisch und können sich ganz und gar Ihren Kunden widmen.

Befinden Sie sich im kleinen Kreis, lassen Sie Ihren Gast als Erstes aussuchen und bestellen. Vergessen Sie auch nicht, sich vom Oberkellner die Tagesempfehlungen nennen zu lassen

In einigen Restaurants gibt es die so genannte »Gästekarte«. Sie enthält keine Preise, so dass sich der Eingeladene ohne schlechtes Gewissen das aussuchen kann, worauf er gerade Lust hat.

Wie führt man einen Gast zum Tisch?

Abb. 5: Führt der Ober Sie zum Tisch, gehen Sie als Letzter.

Abb. 6: Führt der Ober eine Gruppe zum Tisch, gehen Sie und Ihre Angestellten zum Schluss.

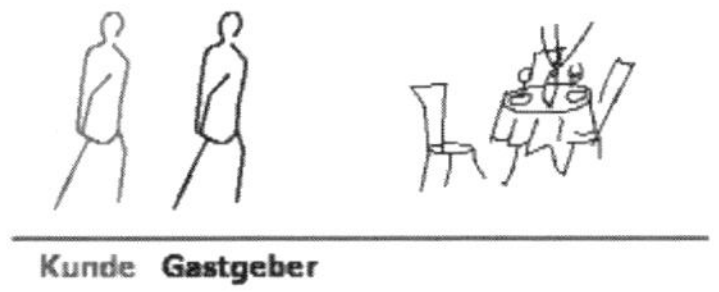

Abb. 7: Gehen Sie alleine zum Tisch, gehen Sie voran.

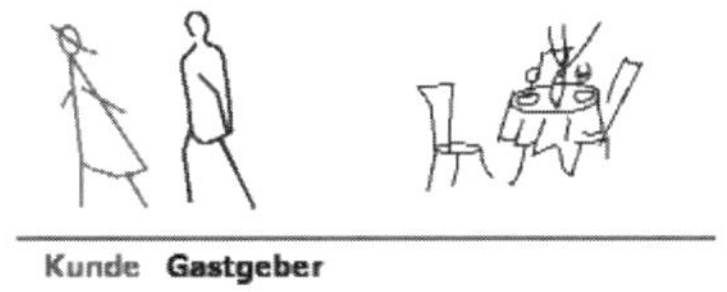

Abb. 8: Verlassen Sie das Restaurant, geben Sie dem Gast den Vortritt.

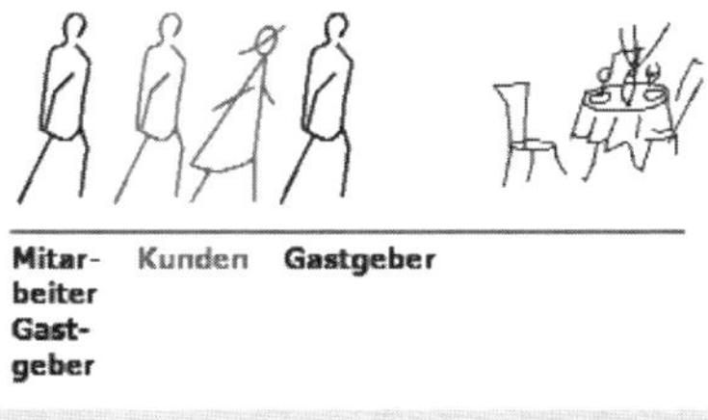

Abb. 9: Führen Sie eine Gruppe zu Tisch, lassen Sie die Gäste in der Mitte gehen. Angestellte der gastgebenden Seite sollten hinter den Gästen gehen.

Geschäftsessen im Ausland

In Polen nimmt man die Hauptmahlzeit am Nachmittag um 15:00 Uhr ein. Planen Sie genügend Zeit für ein Drei-Gänge-Menü ein und rechnen Sie damit, dass Sie einen Wodka angeboten bekommen. Diesen abzulehnen wäre für die Geschäftsbeziehung von großem Nachteil.

Eine Einladung zum Mittagessen ist in Italien der Höhepunkt der Gastfreundschaft. Planen Sie für ein solches Geschäftsessen ca. zwei bis drei Stunden ein. Auch in Spanien und Portugal hat das Essen eine große Bedeutung und sollte nicht durch Termine am Mittag gestört werden, es sei denn, Sie vereinbaren gleich ein Geschäftsessen.

Ausgedehnte Geschäftsessen sind in Frankreich nichts Ungewöhnliches. Neben dem guten Essen geht es darum, den Geschäftspartner persönlich kennenzulernen. Vermeiden Sie deshalb, während des Essens über Geschäftliches zu sprechen. Nach der Mahlzeit ist dafür immer noch Zeit.

Sollten Sie in China zum Essen eingeladen sein, lassen Sie immer einen kleinen Rest auf dem Teller. Ansonsten wird angenommen, Sie seien nicht satt geworden und möchten noch mehr. Sind Sie der Ehrengast, werden Ihnen die wichtigen Speisen zum Kosten gereicht. Dies kann durchaus eine Herausforderung für Sie werden, sollten Sie Speisen wie Schlange oder Seeschnecken serviert bekommen und alle Augen auf Ihnen ruhen. Wenn Sie bei Tisch rauchen, müssen Sie allen am Tisch eine Zigarette anbieten. Nach einem Essen am Abend, das meist nie länger als bis 21:00 Uhr dauert, erfolgt sofort die Verabschiedung.

In Japan werden Sie vor dem Restaurant die Schuhe ausziehen und meist ebenerdig kniend speisen. Es gibt Restaurants, die Tische für Europäer haben, unter denen eine Mulde eingebaut ist, so dass Sie Ihre Füße ausstrecken können.

Vor dem Essen wird Ihnen ein heißer Waschlappen gereicht. Sie können sich hiermit neben den Händen auch das Gesicht zur Erfrischung abwischen. Achten Sie bitte darauf, dass Sie Japanern niemals Ihre Fußsohlen entgegenstrecken. Dies wird in Japan als Beleidigung aufgefasst.

8.2 Ihre Aufgaben als Gastgeber

Als Gastgeber haben Sie bestimmte Aufgaben bei einem Geschäftsessen wahrzunehmen: Sie reservieren den Tisch und wählen eventuell ein Menü aus, sollte es sich um eine große Gruppe handeln. Am Tag des Geschäftsessens sind Sie vor Ihren Gästen im Restaurant. Sie gehen auf den Oberkellner zu, melden sich an und verweisen auf die Reservierung. Spätestens jetzt sollte es für den Oberkellner klar sein, dass Sie bezahlen werden.

Sollten Ihre Gäste noch nicht angekommen sein, warten Sie auf sie an der Bar oder in der Nähe des Eingangs und gehen dann gemeinsam mit Ihnen zum Tisch.

Geleiten Sie Ihre Gäste an den Tisch. Haben Sie keine Sitzordnung arrangiert, wird Ihr Gast sich als Erster einen Platz aussuchen. Fordern Sie Ihre Gäste auf, Platz zu nehmen. Bei einer größeren Gruppe bietet sich allerdings eine Sitzordnung an (vgl. Kapitel 8.4).

Die Gesprächseröffnung sollte privater Natur sein. Hier sind Small-Talk-Themen zu empfehlen, die Sie aus Kapitel 4 kennen, z.B. Anreise, Stadt, Wetter.

Bei der Frage des Kellners nach einem Aperitif lassen Sie Ihren Gast entscheiden. Ist er zögerlich, schlagen Sie z.B. einen Champagner vor. Wählt Ihr Gast keinen Alkohol, nehmen Sie auch keinen.

Wie erwähnt, wählt der Gast zuerst seine Speisen aus. Entscheidet er sich nur für ein Hauptgericht, verabschieden Sie sich von Ihrer Wahl eines Drei-Gänge-Menüs, um den zeitlichen Ablauf nicht zu stören.

Angenehmer ist es allerdings, wenn Sie als Gastgeber Ihren Gästen Empfehlungen aussprechen – Sie steuern dabei Anzahl der Gänge sowie Preisniveau. Dies könnte so lauten: »Ich nehme als Vorspeise das Carpaccio und danach das Filetsteak.«

Sprechen Sie einen Toast aus

Als Gastgeber suchen Sie den Wein aus und probieren ihn auch. Lassen Sie sich vom Kellner oder Sommelier eine Empfehlung geben. Sollten Sie sich mit Weinen nicht auskennen, ist das auch die leichtere und schnellste Variante.

Sobald die Weingläser gefüllt sind, heben Sie als Gastgeber das Glas und bringen einen Toast aus. Halten Sie aber bloß keine lange Rede! Es genügt meist, wenn Sie Ihre Gäste kurz willkommen heißen und zum Ausdruck bringen, wie sehr Sie sich über dieses Zusammentreffen freuen. Dann darf mit dem Trinken begonnen werden. Sollten Ihre Gäste vor Durst umkommen und es ist bereits Wasser eingeschenkt worden, kann dieses gleich getrunken werden.

Tipp !

Behalten Sie immer einen kleinen Rest Wein in Ihrem Glas. Sie wissen nie, wann Sie mit den anderen wieder anstoßen müssen. Ist Ihr Glas dann leer, geht die Hektik los: Wo bekommen Sie jetzt noch Wasser oder Wein her?

Ist allen serviert worden, wünscht der Service einen »guten Appetit« und der Gastgeber gibt zum Start des Essens ein Zeichen. Hierzu wird nicht das bekannte Startzeichen »guten Appetit« gesagt, ein leichtes Nicken des Gastgebers reicht aus. Sie nehmen dann das Besteck auf und beginnen mit dem Essen.

Behalten Sie als Gastgeber – ob privat oder geschäftlich–so lange einen Bissen auf Ihrem Teller, bis auch der letzte Gast aufgegessen hat. So geben Sie niemandem das Gefühl, er sei zu langsam. Stellt Ihnen der Gesprächspartner eine Frage, während Sie kauen, antworten Sie nicht mit vollem Mund. Erst fertig essen.

! **Tipp**

Wählen Sie als Vorspeise eine Suppe. Sie werden öfter zum Reden kommen.

Verlangen Sie als Gastgeber die Rechnung. Verwirren Sie den Ober aber nicht mit den Worten: »Können wir zahlen?«, sagen Sie besser »Ich hätte gerne die Rechnung.« Damit machen Sie deutlich, dass Sie die Rechnung begleichen. Sie können mit Kreditkarte zahlen. Es ist jedoch angenehmer, zum Bezahlen der Rechnung hinauszugehen, um eventuell Posten zu prüfen oder Trinkgeld zu geben. Bei Barzahlung kann so Ihr Gast nicht mitzählen, was Sie zu zahlen haben und wie viel Trinkgeld Sie geben.

Wie hoch das Trinkgeld ausfällt, hängt selbstverständlich von der Güte des Service und Essens ab. In Deutschland hat sich ein Trinkgeldsatz von 10 Prozent vom Rechnungsbetrag durchgesetzt. Das bedeutet aber nicht, dass das Trinkgeld immer höher ausfällt, je größer die Gruppe der Gäste ist. Geben Sie einen Betrag, der Ihnen angemessen erscheint.

Fragen Sie sich beim Zahlen von Trinkgeld: Wie gut war der Service? Wie viele Personen haben uns bedient? Wie viele Personen wurden bedient? Was hätte der Service an Trinkgeld bekommen, wenn er jeden einzeln bedient hätte? All dies sind Anhaltspunkte, die Sie neben einem guten Service in das Trinkgeld mit einfließen lassen sollten. Lassen Sie hier am besten Ihr Gefühl entscheiden.

Es kann durchaus sein, dass Ihre Buchhaltungsabteilung genaue Vorschriften zum Thema Trinkgeld hat, an die Sie sich dann auch halten sollten. Sollte der Chef bedienen, wird ihm normalerweise kein Trinkgeld gegeben. Möchten Sie aber trotzdem etwas geben, können Sie dies mit dem Zusatz »für die Küche« bzw. »für das Personal« übergeben.

8.3 Wer sitzt wo?

Bereiten Sie ein Geschäftsessen oder sogar eine Veranstaltung für eine größere Runde vor, sollten Sie sich mit der Frage auseinandersetzen: Wer sitzt wo? Für eine gute Sitzordnung bedarf es Fingerspitzengefühl und sie kann ausschlaggebend für das Gelingen des Abends sein. Die Sitzordnung dient dazu, anregende Gespräche zu fördern. Wichtig zu beachten ist hierbei, dass der Ehrengast rechts neben dem Gastgeber sitzt. Alternativ sitzt Ihnen der Ehrengast an einer langen Tafel gegenüber. Grundsätzlich kann man sagen: Je wichtiger der Gast, umso näher sitzt er bei Ihnen als Gastgeber.

Planen Sie ein Geschäftsessen, sollten Sie darauf achten, dass die Mitarbeiter mit gleichen Funktionen beider Seiten der Geschäftsbeziehung zusammensitzen. So ist ein anregendes Gespräch am wahrscheinlichsten. Am besten bespricht der Einladende dies im Vorfeld mit den Teilnehmern. Dann kann man sich bereits beim Aperitif »seinem« Gesprächspartner zuordnen und gemeinsam zum Tisch gehen.

Besonderheiten in den USA
Die Zielsetzung bei Geschäftsessen in den USA sind mit unseren Absichten völlig identisch. Es gibt jedoch einige Unterschiede, die Sie kennen sollten:

- Seien Sie unbedingt pünktlich. Auch wenn Amerikaner locker wirken, Verspätungen treffen auf Unverständnis und können die Geschäftsbeziehung empfindlich stören.
- Oft kommt die Bedienung an den Tisch und stellt sich vor: »Hi, I'm Sandy, and I will be your waitress tonight.« Diese Selbstvorstellung wird nicht erwidert.
- Sich bei Tisch die Nase zu putzen, gilt in den USA als unhöflich–vor allem, wenn es mit lauten Geräuschen verbunden ist.

Es kann vorkommen, dass bei der Bezahlung vorgeschlagen wird: »Let's go Dutch!« Das bedeutet, dass jeder für sein eigenes Essen oder Getränk aufkommt. Gezahlt wird jedoch nicht getrennt. Einer der Gäste streckt den gesamten Betrag inklusive Steuern und Trinkgeld per Kreditkarte vor und sagt dann: »That's 25 Dollars for everyone.« Geben Sie ihm anschließend den Betrag. Das Rumhantieren mit Geld ist den Amerikanern nicht peinlich.

Wundern Sie sich nicht, dass nach dem Essen kaum Zeit bleibt, sich noch gemütlich am Tisch zu unterhalten. In den USA wird die Kellnerin fragen, ob Sie noch einen Wunsch haben. Verneinen Sie dies, wird Ihnen sofort die Rechnung gebracht. Nun wird es langsam Zeit, den Tisch zu verlassen. Sollten Sie dem nicht nachkommen, werden Sie sicherlich noch mehrmals gefragt werden, ob Sie noch etwas wünschen.

8.4 Die Sitzordnung und ihre Bedeutung

Das Geschäftsessen definierten wir bisher als kleinen Kreis mit Kunden. Die klassische Sitzordnung findet in so einem Rahmen keine Anwendung. Eine Aufgabe als Tischherr gibt es hier nicht. Alle teilnehmenden Gäste sind gleichberechtigte Partner. Im Folgenden sprechen wir über geschäftliche Veranstaltungen in einem größeren Kreis, die oftmals auch mit Partner durchgeführt werden.

Die klassische Sitzordnung
Die klassische Sitzordnung sieht vor, dass sich Damen und Herren immer abwechseln. Verheiratete Paare werden auseinander gesetzt, sitzen sich aber wenn möglich gegenüber oder zumindest in Blicknähe.

Der Mann (Tischherr) sitzt bei der klassischen Sitzordnung links von der Dame und ist für ihr leibliches Wohl und die Unterhaltung zuständig. Er begleitet seine Tischdame zum Tisch und hilft ihr beim Platznehmen, d.h. er rückt den Stuhl vom Tisch und schiebt ihn für sie wieder ran. Der männliche Ehrengast sitzt auch im privaten Bereich rechts von der Gastgeberin. So muss er ihr nicht »dienen«, ist aber ganz in ihrer Nähe, so dass sie sich um ihn kümmern und ihn unterhalten kann.

Der Sitzplan
In kleineren Runden genügt es, eine Sitzordnung mündlich direkt am Tisch festzulegen. Bei größeren Veranstaltungen sollten Sie an der Garderobe oder vor dem Speisesaal einen Sitzplan aufstellen, so dass sich Ihre Gäste schnell orientieren können. Hat man seine Tischdame auf diesem Plan entdeckt, kennt diese aber nicht, so lassen Sie sich von Ihrem Gastgeber Ihre Tischdame zeigen und vorstellen. Wo an welchem Tisch Sie schließlich sitzen, verrät Ihnen die Tischkarte an jedem Platz. Wahlweise können hier auch die Menükarten beschriftet sein.

Planen Sie Firmenveranstaltungen, die aus 30 oder mehr Gästen bestehen und in einem feierlichen Rahmen abgehalten werden, gibt es verschiedene Anordnungsmöglichkeiten von Tischen. Am kommunikativsten sind mehrere runde Achter-Tische. Die Tische werden im Raum so angeordnet, dass der Ehrentisch am nächsten zur Bühne oder Tanzfläche steht. Alle weiteren Tische werden dem Raum gemäß verteilt. Je näher Sie dem Ehrentisch sitzen, desto geehrter können Sie sich fühlen. Versuchen Sie die Tische so zu betiteln, dass sie nicht sortierbar sind. Der ein oder andere Gast mag sich gemerkt haben, an welchem Tisch er im Vorjahr gesessen hat, und fühlt sich durch eine höhere Tischnummer herabgesetzt. Besser wären Städte- oder Produktnamen.

An jedem Tisch sollten Sie einen Mitarbeiter in einer Gastgeberfunktion platzieren. Der jeweilige Gastgeber gibt dann auch für seinen Tisch das Zeichen zum Start des Essens. Sobald der Gastgeber sich um die Gäste der anderen Tische kümmern möchte und sich mit diesen unterhalten will, sollte der Mitarbeiter (nicht ein anderer Gast!) seinen Platz für den Gastgeber frei machen und sich derweilen »anders« beschäftigen.

Eine lange Tafel ist unkommunikativ und eignet sich eher für eine Festgruppe von bis zu 14 Personen. Hier sitzt der Ehrengast entweder rechts neben dem Gastgeber oder ihm gegenüber (ähnlich wie bei einem Geschäftsessen). Je weiter Sie von dem Gastgeber und Ehrengast entfernt sitzen, desto »unwichtiger« sind Sie.

Für große Gesellschaften mit nur einem Ehrengast eignet sich die Kamm-Tafelform oder U-Form. Hier sitzt der Ehrengast mit dem Gastgeber in der Mitte der Tafel und alle Anwesenden haben einen guten Blick auf den Ehrengast. Auch hier gilt: Je näher Sie am Ehrengast und Gastgeber sitzen, desto wichtiger sind Sie.

Möchten Sie auf eine Tischordnung verzichten, können Sie diese auch auslosen. Die Paare finden dann durch eine Tombola zueinander. Diese Möglichkeit sollte aber eher in privaten Kreisen oder bei halb geschäftlichen Anlässen wie beispielsweise Weihnachtsfeiern praktiziert werden.

8.5 Wer hält wann eine Rede?

Nicht zwingend hat die ranghöchste Person Vorrang. Man kann die Grußreden mit dem Ranghöchsten beginnen oder aber auch enden lassen, um eine Spannung aufzubauen. Die Reihenfolge der Redner sollte sich also an den individuellen Gegebenheiten orientieren.

Sind Tischreden vorgesehen, so sollte der Gastgeber als Erstes nach der Vorspeise seine Rede halten. Wollen andere Personen Tischreden halten, sollte dies vorher mit dem Gastgeber oder Veranstalter abgestimmt werden. Lassen Sie sich einen günstigen Zeitpunkt nennen. Bei großen Veranstaltungen stimmen sie auch die Inhalte aufeinander ab. Informieren Sie den Oberkellner über mögliche Tischreden, so dass sich die Küche darauf einstellen kann.

Tischreden und Toasts sollten immer zwischen den Gängen gehalten werden. Unter einem Toast versteht man eine kurze Rede zu Ehren einer Person oder zu einem gegebenen Anlass. Am Ende einer Rede wird das Glas erhoben und auf ein Ereignis, eine Person oder die Geschäftsbeziehung getrunken.

8.6 Ihre Gastgeberpflichten im Überblick

Fassen wir noch einmal zusammen, welche Aufgaben Sie bei einem Geschäftsessen zu erfüllen haben:

1. Restaurantwahl
- Vorlieben und Restriktionen des Gastes erfragen
- Restaurant auswählen
- günstigen Zeitpunkt wählen und Anfahrt regeln
- Sitzordnung festlegen

2. Begrüßung
- Gäste an der Bar begrüßen (Rangfolgen beachten)
- Gäste vorstellen und bekannt machen
- Plätze zuweisen

3. Essen und Getränke
- Aperitif anbieten
- über Anzahl der Gänge informieren
- bei der Auswahl behilflich sein
- Wein auswählen oder Sommelier einbeziehen
- Startzeichen geben
- Tischsitten einhalten

4. Gesprächsführung
- bei Bedarf Tischrede halten
- Themen vorbereiten (max. ein bis zwei geschäftliche Punkte)
- alle Gäste einbeziehen

5. Abend beenden
- nach dem Kaffee die Tafel aufheben
- diskret (nicht am Tisch) bezahlen
- Rückfahrt klären, eventuell Taxi organisieren

Beherrscht man die Regeln und Sitten bei Tisch, ist es ein Leichtes, konzentriert dem Gespräch des Partners zu folgen. Ihre Gedanken kreisen nicht um die Kartoffel auf Ihrem Teller, nach dem Motto: »Darf ich sie nun schneiden oder nicht?« Übrigens: Man darf heute!

!

Übungen

Übung 45: Dürfen Sie selbst den Wein nachschenken?
Übung 46: Wie eröffnet man ein offizielles Geschäftsessen?
Übung 47: Wie ist die richtige Redner-Reihenfolge bei Firmenveranstaltungen?
Übung 48: Sie haben Kunden zum Geschäftsessen eingeladen. Nach dem Essen werden Sie die Rechnung begleichen. Wo ist hierfür der geeignetste Platz?
Übung 49: Erstellen Sie die Tischordnung Ihrer Firmenveranstaltung, zu der die folgenden 40 Personen zugesagt haben:

- 1 Vorstand Ihrer Firma mit Partnerin (2 Pers.)
- 1 englischsprachiger Ehrengast mit Partnerin (2 Pers.)
- 1 Vertriebsmitarbeiterin ohne Partner (1 Pers.)
- 5 Vertriebsmitarbeiter ohne Partnerin (5 Pers.)
- 2 Mitarbeiterinnen Marketing ohne Partner (2 Pers.)
- 4 leitende Mitarbeiter mit Partnerin (8 Pers.)
- 10 Kunden mit Partnerinnen (20 Pers.), die von den Vertriebsmitarbeitern benannt wurden.

Welche Tischanordnung wählen Sie?

9 Bei Tisch eine gute Figur machen

Ihre Gäste sind eingeladen. Sie haben ein gutes Restaurant gefunden. Sie wissen, dass es dort vorzügliches Essen gibt. Jetzt ist die Frage: Wie geht man mit dem vielen Besteck um? Wie verspeist man eine Artischocke? Was macht man mit dem Rest in der Suppentasse? Wie knackt man einen Hummer? Wenn Sie bei diesen und anderen kniffligen Fragen Rat brauchen, werden Sie in diesem Kapitel fündig.

Wie wichtig gute Umgangsformen bei Tisch sind, stellt am besten eine wahre Geschichte dar, die wir von einem Geschäftsführer der IT-Branche gehört haben.

Ohne Benehmen keine Karriere !

Im Zuge der Suche eines Vertriebsdirektors wurde ein qualifizierter Kandidat mit seiner Partnerin in ein gehobenes Münchener Restaurant eingeladen. Denn in dieser Position war es absehbar, dass viele Kundengespräche auch im Restaurant stattfinden würden. Der Kandidat kam am Abend ohne Krawatte und zog als Erstes sein Sakko aus, bevor er sich auf dem Stuhl niederließ. Kaum stand das Brot auf dem Tisch, griff er danach und stillte mit drei Scheiben seinen größten Hunger. Als das Essen begann, verriet die Haltung des Bestecks sofort, dass der Kandidat keine »Kinderstube« hatte. Seine Frau hingegen hatte zwar perfekte Tischmanieren, brachte aber während des ganzen Essens kaum ein Wort heraus.

Der Kandidat wurde nicht genommen. Trotz fachlicher Kompetenz und einem guten ersten Eindruck behinderten seine Umgangsformen seine Karriere. Der Ehefrau mangelte es an Souveränität. Ein lockerer Small Talk fiel ihr schwer. Gute Umgangsformen sind aber heute für eine Karriere unverzichtbar, denn die gesellschaftlichen Veranstaltungen werden in hohen Positionen eher mehr als weniger.

9.1 Der Aperitif

Vor dem Essen gibt es oft einen Aperitif. Er dient dazu, den Appetit anzuregen. Hierzu wird ein leicht alkoholisches Getränk gereicht. Typische Aperitife sind: Prosecco, Champagner, Cocktails, Sherry oder die anti-alkoholische Variante »frisch gepresster Orangensaft«. Möchten Sie keinen Schaumwein trinken, können Sie gerne ein anderes Getränk bestellen – nur keine süßen Getränke wie Cola oder süße Säfte. Ein Kenner bestellt statt des Aperitifs ein kleines Bier.

Drei Mal Aperitif, aber immer anders

Oft kommt nach einem Tagesseminar oder Meeting die Gruppe vor dem Essen zusammen. Der Einladende hat jetzt noch einmal die Gelegenheit, auf die gute Zusammenarbeit oder den Erfolg anzustoßen und auf einen gemeinsamen Abend zu trinken. Es gibt nun drei verschiedene Situationen, in denen ein Aperitif gereicht wird.

1. Erste Situation: Die Gruppe steht an der Bar oder in einem separaten Raum. Sollten Sie Ihr Glas noch nicht ausgetrunken haben, wenn es zum Essen geht, lassen Sie Ihr Glas stehen. Sie tragen als Gast niemals irgendwelche Gläser durch das Restaurant. Erwarten Sie nicht, dass Ihnen die Gläser zum Tisch getragen werden. Bei einer Gruppe von 15 Personen wäre dies viel zu aufwendig und der Kellner kann sich gar nicht merken, wer welches Glas gehabt hat.
2. Zweite Situation: Sie kommen in ein Restaurant, Ihr Tisch ist aber noch nicht bereit. Jetzt überbrücken Sie die Zeit an der Bar mit einem Aperitif. Sollten Sie Ihr Glas noch nicht ausgetrunken haben, wenn der Kellner Sie zum Tisch geleiten möchte, stellen Sie Ihr Glas an der Bar ab und folgen dem Kellner. Sie müssen aber nicht auf den kostbaren Inhalt Ihres Glases verzichten. Die nicht ausgetrunkenen Gläser sollten Ihnen anschließend vom Personal an den Tisch gebracht werden. Vergisst der Kellner, Ihr Glas zu bringen, erinnern Sie ihn freundlich daran, dass Sie noch ein Glas Champagner an der Bar stehen haben.
3. Dritte Situation: Es gibt noch die dritte Möglichkeit, den Aperitif direkt an Ihrem Tisch einzunehmen. Hier werden Sie vor der Wahl des Essens vom Kellner nach einem Aperitif gefragt. Das Glas wird so lange auf Ihrem Platz stehen, bis Sie es ausgetrunken haben oder Sie dem Ober vermitteln, dass er es abräumen darf. Sie sollten möglichst das Aperitifglas losgeworden sein, bevor der Wein gereicht wird.

9.2 Richtiger Umgang mit Brot

Betrachten Sie Ihr Gedeck, werden Sie feststellen, dass Sie eine Vielzahl von Tellern und Besteck vor sich haben. Der Teller zu Ihrer Linken ist der Brotteller. Achtung: Bei eng gedeckten Tischen kommt es oft vor, dass Ihr Nachbar zur Linken unwissenderweise Ihren Brotteller benutzen möchte. Weisen Sie in einem solchen Fall höflich darauf hin, dass dies Ihr Brotteller ist, oder versuchen Sie gleich der Situation aus dem Weg zu gehen, indem Sie den Teller beim Reichen des Brotes als Erster belegen.

Abb. 10: Der Brotteller steht links vom Gedeck

Brot ist kein Hungerstiller

Zum Brot ist zu bemerken, dass es keine Vorspeise ist. Es wird zur Vorspeise gereicht. Zügeln Sie sich, wenn Sie Hunger haben. Oft ist zu beobachten, dass der Brotkorb nach wenigen Minuten leer ist. Den Brotkorb vorzeitig zu plündern gehört sich auch nicht, weil die anderen Gäste dann später kein Brot mehr für ihre Vorspeise haben und nachbestellen müssen.

Sobald der erste Schluck Wein getrunken wurde, aber noch keine Vorspeise serviert ist, können Sie gerne zum Wein etwas Brot essen. Dabei ist zu beachten, dass das Brot in einzelne mundgerechte Stücke zerteilt wird. Schneiden Sie kleine Brötchen niemals entzwei und bestreichen die einzelnen Hälften nicht mit Butter. Wird zum Brot ein Dip, Öl oder Schmalz gereicht, darf das Brot vor der Vorspeise gegessen werden. Nehmen Sie sich Dip auf Ihren Brotteller, brechen Sie das Brot und beschmieren Sie das mundgerechte Stück mit der Sauce. Ausnahme: Wird zum Brot Olivenöl serviert, darf das Brot eingetunkt werden. Der Brotteller bleibt in jedem Fall auf dem eingedeckten Platz.

Abb. 11: Falsch: Soße mit Brot aufnehmen

Wenn es auch noch so gut geschmeckt hat, vermeiden Sie, die übrig gebliebene Soße der Vor- oder Hauptspeise mit dem Brot aufzunehmen. Kratzen Sie auch nicht den Teller laut mit dem Besteck leer. Überhaupt veranstalten Sie mit Ihrem Besteck niemals Lärm.

Die Serviette und ihr Einsatz

Die Serviette finden Sie meistens auf dem Tisch drapiert. Diese wird, wenn sie Ihnen im Weg ist, gleich auf den Schoß gelegt, spätestens aber, bevor die Vorspeise serviert wird.

Eine Serviette liegt mit der geschlossenen Kante in Richtung Knie. Die offene Seite zeigt zum Bauch. Benutzt wird sie vor jedem Griff zum Glas, damit keine Essensreste oder Fettränder entstehen. Könner falten zur Benutzung der Serviette diese auf und tupfen sich den Mund an der Innenseite der Serviette ab. Sie legen die Serviette dann gefaltet wieder auf den Schoß zurück, so dass die Essensreste in der Innenseite der Serviette verschwinden.

Die einfachere Variante ist die Benutzung der Serviettenkante. Hierbei greifen Sie die Serviette an der Kante, die zum Knie zeigt, tupfen sich den Mund ab und legen die Serviette mit den Essensresten nach oben wieder auf den

Schoß. Die Essensreste berühren so nicht Ihre Kleidung und verschwinden unter dem Tisch, so dass niemand etwas sehen kann.

Sollte Ihnen die Serviette herunterfallen, lassen Sie sie liegen. In einem guten Restaurant wird der Kellner dies beobachten und Ihnen gleich eine neue Serviette bringen. Sollte dieser Fauxpas nicht aufgefallen sein, bitten Sie den Kellner einfach, Ihnen eine neue Serviette zu bringen. Servietten werden nicht zum Schutz vor Spritzern in den Kragen gesteckt oder um den Hals gebunden. Auch die Krawatte wird während des Essens nicht in das Hemd gesteckt oder gar auf die Schulter gelegt – sie bleibt, wo sie ist. Nach Beendigung des Essens legen Sie die Serviette leicht zusammengefaltet auf den Tisch. Auch Papierservietten finden ihren Platz am Ende nicht auf dem Teller, sondern links neben dem Teller. Müssen Sie nur kurz Ihren Platz verlassen, legen Sie die Serviette nicht auf den Stuhl, sondern auch hier leicht lose gefaltet links neben den Teller.

Tipp !

In Deutschland legen Sie die Serviette beim kurzen Verlassen des Platzes nicht auf den Stuhl. Hierbei können leicht Essensreste auf den Stuhl gelangen und anschließend an Ihrer Kleidung hängen bleiben. In den USA ist es jedoch üblich, die Serviette auf dem Stuhl bzw. der Stuhllehne abzulegen.

9.3 Die offizielle Besteckspråche

Wenn Sie sich im Restaurant umschauen, werden Sie sehen, dass es viele verschiedene Arten gibt, mit Besteck umzugehen. Aber nur eine Haltung ist richtig.

Das Messer kommt in die rechte, die Gabel in die linke Hand. Hierbei sollten Sie darauf achten, dass Sie das Besteck von oben greifen. Weder Ellenbogen noch Handgelenk haben bei der Haltung des Bestecks Tischkontakt. Vom Griff sollten Sie die oberen zwei Drittel anfassen. Greifen Sie also nicht auf die Messerklinge oder zu weit in Richtung Gabelzinken. Von dieser Stellung aus wird das Essen mit der linken Hand zum Mund geführt. Drehen Sie die Gabel dabei nicht um. Das Besteck so zu benutzen, kommt noch aus der viktorianischen Zeit und ist bei uns in Deutschland die perfekte Haltung. Sollten Sie auf diese Art beispielsweise Reis oder Erbsen nicht auf die Gabel bekommen, können Sie die Gabel drehen. Nun können Sie das Essen auf die Gabel schieben und zum Mund führen.

Abb. 12: Richtig: Messer rechts, Gabel links und dabei das Besteck von oben greifen.

Abb. 13: Richtig: Für den letzten Bissen dürfen Sie die Gabel umgreifen.

Linkshänder dürfen selbstverständlich das Besteck seitenverkehrt, also Gabel rechts und Messer links halten. Ordnen Sie aber nicht den gedeckten Tisch um. Und denken Sie daran: Das Essen geht zum Mund, nicht der Mund zum Essen.

Alle anderen Möglichkeiten, die Sie eventuell im Restaurant sehen, sollten Sie sich nicht aneignen bzw. gleich abgewöhnen. Gerade in der Handhabung des Bestecks können Sie Stil beweisen.

Die Bestecksprache

Einmal benutztes Besteck wird nicht auf dem Tischtuch abgelegt. Weder die Klingen noch die Griffe dürfen den Tisch wieder berühren, sind sie einmal benutzt worden. Das Bauen einer so genannte Brücke (Messer ist rechts an den Teller gelehnt, Gabel links an den Teller) ist also nicht erlaubt.

Abb. 14: Brücken bauen ist nicht erlaubt.

Es gibt eine internationale Bestecksprache, die es dem Kellner ermöglicht zu erkennen, wann Sie fertig gegessen haben. Diese orientiert sich an der Zeigerstellung der Uhr.

Abb. 15: Die 20-nach-4-Stellung zeigt an, dass Sie fertig gegessen haben und der Teller abgeräumt werden kann.

Abb. 16: Haben Sie Messer und Gabel auf 20-nach-7-Stellung, bedeutet dies für den Kellner: Sie machen nur eine Pause. Dabei zeigen die Zinken der Gabel nach unten.

Ist das Besteck gekreuzt und die Gabelzinken zeigen nach oben, bedeutet dies, Sie möchten noch etwas nehmen.

Eine so genannte Besteck-Geheimsprache gibt es nicht. Die Aussage: »Liegt das Besteck am Ende in 20-vor-8-Stellung, bedeutet dies: Das Essen hat nicht geschmeckt«, ist eine reine Erfindung.

Teller werden erst vom Tisch abgeräumt, wenn alle fertig gegessen haben. Es ist nicht nur ungemütlich, sondern auch unhöflich den Essenden gegenüber, wenn der Kellner dies nicht einhält.

Sich die Reihenfolge der Besteckbenutzung zu merken ist sehr einfach. Sie arbeiten sich von außen nach innen durch. Sollten Sie etwas bestellt haben, dessen Besteck nicht auf dem Tisch liegt, wird es entweder nach der Bestellung eingedeckt oder es wird direkt mit der Speise serviert. Keine Angst, sollten Sie jemals die falsche Gabel erwischt haben, wird Ihnen diese vom Personal nachgelegt. Ein Messer, das Sie nicht benutzt haben, wird abgeräumt.

Suppen löffelt man in England anders als bei uns. Man dreht den Löffel nicht mit der Spitze in den Mund, sondern isst die Suppe vom seitlichen Löffelrand und löffelt dabei in die Tischmitte und nicht zu sich.

9.4 Das Fischbesteck

Das Fischbesteck besteht aus einer Fischgabel und einem Fischmesser. Diese unterscheiden sich in der Form vom anderen Besteck. Das Fischmesser besitzt keine scharfe Klinge, da Fisch in der Regel nicht geschnitten wird. Eine Ausnahme ist geräucherter Fisch, Rollmöpse oder Matjeshering. Statt eines Fischmessers könnten Sie den Fisch auch mit zwei Gabeln essen, da das Fischmesser meist nur zum Schieben oder Zerteilen gebraucht wird. Bestellen Sie einen ganzen Fisch, sollte Ihnen ein Abfallteller mitgebracht werden, um Gräten und Haut, Kopf und Flossen ablegen zu können.

Keine Quälerei mit Gräten

Wenn Sie beim Geschäftsessen eine ganze Forelle bestellen, müssen Sie für den grätenfreien Genuss die richtige Technik anwenden:

- Bäckchen lösen: Die ein bis zwei Cent großen Stücke sitzen direkt unterhalb des Auges und gelten unter Fischliebhabern als Delikatesse. Die Bäckchen lassen sich ganz leicht mit der Fischmesserspitze herausheben. Ob Sie sie gleich essen oder für den Schluss aufbewahren, ist Ihnen überlassen.
- Flossen entfernen: Rücken-, Bauch- und Schwanzflossen trennen Sie mit dem Fischmesser großzügig ab, damit Sie später keine kleinen Gräten aussortieren müssen. Legen Sie den Abfall mit Messer und Gabel auf dem Tellerrand (oder Abfallteller) ab.

- Haut einritzen: Zwei Schnitte bereiten das Entfernen der Haut vor: Einer geht über die gesamte Länge des Rückgrats, ein zweiter wird unterhalb des Kiemenlappens am Kopf angesetzt und bis zur Schwanzflosse durchgezogen. Dabei die Forelle mit der Gabel, nicht mit der Hand festhalten! (Bei anderen Fischarten wie Karpfen oder Scholle wird der Schnitt entlang der Mittelgräte – Mitte der Fischoberseite – gezogen; die Haut wird anschließend nach beiden Seiten weggeklappt.)
- Oberhaut entfernen: Nach der professionellen Vorbereitung lässt sich die Haut ganz leicht um das Messer aufrollen. Auch hier setzen Sie nur die Gabel, nicht die Finger unterstützend ein. Anschließend das obere Filet ablösen: einfach Messer zwischen Gräten und Fischfleisch gleiten lassen, dieses auf den Teller legen und mit dem Filetieren fortfahren.
- Mittelgräte und Kopf entfernen: Gräte am Schwanzende durchtrennen, mit der Gabel anheben und ganz langsam von hinten bis zum Kopf ablösen. Alles zusammen mit Hilfe des Fischmessers auf den Tellerrand (oder Abfallteller) legen. Jetzt steht dem Genuss nichts mehr im Wege.

Sollten Sie sich diese Übung nicht zutrauen, bitten Sie den Ober, den Fisch filetiert zu servieren. Dies ist kein Fauxpas, sondern manchmal sogar sinnvoll. Dann können Sie sich nämlich dem Gesprächspartner widmen und müssen nicht auf jede Gräte im Fisch achten.

9.5 Kleine Sushi-Kunde

Nachdem Sushi in Europa Einzug gehalten hat, ist diese Art des Essens eine gelungene und beliebte Alternative für ein Business-Lunch geworden. Sushi dauert meist nicht so lange wie die Zubereitung von warmen Gerichten. Da Fisch nicht sehr schwer im Magen liegt, ist man hinterher auch sofort wieder einsatzbereit.

Bei Sushi handelt es sich um rohen Fisch, der mit Reis, Sojasoße und grünem Meerrettich gegessen wird.

- Im ersten Schritt wird das Wasabi mit der Sojasoße in einer kleinen Schale vermischt oder, wie in Japan üblich, direkt auf das Sushi gelegt. Nehmen Sie aber nicht zu viel vom grünen Meerrettich, da er sehr scharf ist.
- Nun ergreifen Sie mit den Stäbchen ein Stück vom Sushi und tunken es in das kleine Schälchen ein. Tunken Sie aber dabei den Fisch und nicht den Reis ein.
- Wenn die Fischstücke zu groß sind, müssen Sie vom Sushi abbeißen, denn ein Zerteilen ist mit den Stäbchen vorher nicht möglich.

- Halten Sie dafür den Fisch möglichst weit hinten mit den Stäbchen, so dass Sie nach dem Eintunken in die Soße gut abbeißen können.

Hier einige Fachbegriffe für Sushi-Interessierte:

Wasabi	Grüner, sehr scharfer Meerrettich. Wird unter den Fisch gestrichen, bevor er auf die Reispäckchen gelegt wird.
Nori	Papierdünne Blätter aus getrocknetem Seetang für gerollte Sushi.
Nigiri-Sushi	Sushi-Reis wird mit dem Belag (Fisch oder Meeresfrüchte) mit den Händen geformt.
Maki-Sushi	Gerollte Sushi, die z. B. mit gerösteten Noriblättern umhüllt sind.
Temaki-Sushi	Handgerollte Sushi-Variante in Tütenform.
Ura-Maki-Sushi	Sushi-Form, bei der sich der Reis in der äußeren Schicht befindet.

9.6 Suppentassen stilvoll leeren

Essen Sie eine Suppe, die in einer Suppentasse serviert wird, legen Sie den Suppenlöffel nicht in die Tasse. Dieser wird beim Pausieren und am Ende auf dem Unterteller der Suppe platziert.

Suppen werden nicht kühl gepustet oder am Tellerrand abgestreift. Nehmen Sie den ersten »Schluck« möglichst vom Tellerrand und nicht aus der Tellermitte, dann ist die Suppe etwas kühler und Sie verbrennen sich nicht den Mund.

Heben Sie einen Suppenteller nicht an, um den letzten Rest der Suppe aus dem Teller zu bekommen. Schaffen Sie es nicht, die Suppe ganz auszulöffeln, lassen Sie einen kleinen Rest übrig. Bei einem flachen Teller wird der Löffel in 20-nach-4-Stellung in den Teller gelegt.

Den letzten heißen Schluck der Suppe können Sie austrinken, wenn Ihnen die Suppe in einer Suppentasse mit Henkeln serviert wird. Heben Sie hierfür die Tasse aber nur an einem Henkel hoch und trinken den letzten Rest aus.

Übungen !

Übung 50: Was machen Sie mit Ihrem Aperitif-Glas, wenn Sie es noch nicht leer getrunken haben, aber zum Essen gebeten werden?

Übung 51: Austern werden geschlürft, Spareribs mit den Fingern gegessen, Kartoffeln darf man wieder schneiden – aber wie um Himmels willen isst man Scampi mit Messer und Gabel?
Übung 52: Sollten Sie Ihr Verhalten bei Tisch konsequent dem Gastland anpassen? Zum Beispiel die Essgewohnheiten der US-Amerikaner oder der Asiaten übernehmen?

9.7 Wie sitzt man richtig bei Tisch?

Für die Sitzhaltung bei Tisch gibt es eine Faustregel, die besagt: »Auf dem Schoß sollte eine Katze Platz haben und zwischen Rücken und Lehne eine Maus durchpassen.« Die Körperhaltung am Tisch ist aufrecht. Die Ellenbogen berühren nie den Tisch. Stützen Sie sich bitte beim Essen nicht mit dem Ellenbogen auf oder lehnen Sie sich auch nicht auf dem linken Unterarm. Ein Bild, das man häufig morgens beim Frühstück im Hotel beobachten kann.

Abb. 17: Falsch: Ellenbogen auf dem Tisch.

Abb. 18: Falsch: Egal welchen Ellenbogen.

Die Hände liegen, wenn Sie pausieren, auf dem Tisch. Essen Sie nur mit einem Besteck, z.B. mit dem Löffel, liegt die andere Hand bis zum Handknochen auf dem Tisch neben dem Teller.

Um eine korrekte Sitzhaltung zu üben, klemmte man sich früher einen Gegenstand unter die beiden Arme. Dieser durfte nicht herunterfallen. So gewöhnte man sich keine ausladende Essensweise der Arme an. Dies ist übrigens heute noch eine gute Übung, um das Essen im Flugzeug zu trainieren.

Sitzsitten in den USA

Verschlägt es Sie kulinarisch in die USA, werden Sie eine andere Sitzhaltung bei Tisch kennenlernen. Nachdem das Essen serviert ist, wird damit begonnen, das Fleisch klein zu schneiden. Anschließend wird das Messer beiseite gelegt, die Gabel wechselt in die rechte Hand, der linke Arm wird auf dem Schoß abgestützt oder im besseren Fall einfach auf den Schoß gelegt. Ahmen Sie diese Art zu essen besser nicht nach!

Schneiden oder nicht schneiden?

Das Verbot, bestimmte Speisen zu schneiden, stammt aus der Zeit, in der beim Kontakt mit Säure, Ei und Stärke die Besteckteile so stark oxidierten, dass dies den Geschmack der Speisen beeinträchtigte. Konservative Esser verzichten daher auf den Einsatz des Messers bei Salat, Kartoffeln, Nudeln, Knödeln und

Eierspeisen und bedienen sich der erhöhten Fingerfertigkeit sogar beim Verzehr von Fisch und Gemüse.

Es ist heute kein Fauxpas mehr, die Kartoffel zu schneiden. Dennoch ist es ratsamer, sie mit der Gabel zu zertrennen. Hierbei »zerklüftet« die Kartoffel besser und kann somit mehr Soße aufnehmen. Bitte zerquetschen Sie aber nicht die Kartoffeln mit der Gabel und vermengen Sie sie anschließend nicht mit der Soße. Generell gilt: Machen Sie aus Ihrem Essen keinen Brei!

Gleiches gilt auch für den Kartoffelknödel. Dieser wird mit der Gabel zerteilt und nicht mit dem Messer geschnitten. Auch Pasta wird nicht mit dem Messer zerteilt. Neben Spaghetti und anderer Pasta gibt es zur besseren Soßenaufnahme die Spiralnudel. Sie kann durch ihre Windungen mehr Soße aufnehmen.

Salat wird gefaltet

Sollten Sie als Vorspeise einen Salat bekommen, denken Sie bitte daran, diesen nicht zu schneiden, sondern große Blätter mit der Gabel und dem Messer zu falten. Das gefaltete »Salatpäckchen« können Sie dann mit der Gabel aufspießen und mundgerecht zu sich nehmen. Nur der Chicoree lässt sich nicht falten. Diesen dürfen Sie zerschneiden. Rucola wird genau wie ein normaler Salat behandelt und nicht geschnitten, sondern gefaltet. Es kann vorkommen, dass sich hierbei das ein oder andere Stengelende nicht bändigen lässt. Aber es gilt auch bei Rucola die Regel: Falten, falten und nochmals falten. Einfacher wird das Ganze, wenn Sie nach dem Salat eine Gurke, Karotte oder Tomate aufpieksen. Dann entfaltet sich der Salat nicht mehr.

Bei einem Business-Frühstück sollten Sie darauf achten, Ihr Frühstücksei – ob hart oder weichgekocht–mit dem Eierlöffel an der Spitze aufzuklopfen. Das Köpfen ist zwar inzwischen erlaubt, aber schöner ist die Version des Aufklopfens. Essen Sie das Ei möglichst nicht mit einem Silberlöffel. Erstens würde er sofort anlaufen und zweitens schmeckt es nicht besonders gut. Nach wie vor ist die stilvollste Variante der Eierlöffel aus Perlmutt, auch wenn moderne Besteckmaterialien heute geschmacksneutral sind.

Das Frühstücksbrötchen können Sie getrost mit dem Messer aufschneiden und nach Ihrem Geschmack bestreichen. Klappen Sie aber niemals beide Hälften wieder zusammen, sondern essen Sie diese getrennt. Frühstücksbrötchen mit Messer und Gabel zu essen, ist übertrieben. Bevor Sie Frühstücksbrot oder Toast essen, schneiden Sie es einmal in der Mitte durch. So rinnt Ihnen beim Halten der Belag nicht über die Finger.

9.8 Was ist Fingerfood?

Oft wird uns die Frage gestellt, ob man Hähnchenschlegel mit der Hand essen darf. Hier gilt: Sobald Sie eine Fingerschale oder Erfrischungstücher zum Abwischen der Finger am Platz vorfinden, dürfen Sie Speisen wie Hähnchenschlegel, Spareribs, ganze Garnelen und Shrimps mit den Fingern essen. Finden Sie nur eine Stoffserviette am Platz vor, sollten Sie alle Speisen mit Messer und Gabel essen.

Eine ganze Artischocke müssen Sie immer mit den Fingern essen. Es wäre sehr mühsam, jedes einzelne Blatt mit Messer und Gabel abzuzupfen und dann zum Mund zu führen. Das Essen würde wahrscheinlich die ganze Nacht dauern. Hier eine kurze Liste von Fingerfood auf einen Blick:

- Artischocken
- Spareribs
- Wachteln
- Austern (sofern nicht überbacken)
- (Mies-)Muscheln
- Schalen- und Krustentiere, sofern nicht ausgelöst:
- Krabben
- Garnelen
- Langusten
- Hummer

Finden Sie eine Zitrone auf Ihrem Schnitzel oder Fisch, benutzen Sie zum Saftpressen die Gabel. Zerquetschen Sie die Zitrone nicht zwischen den Fingern. Der Saft trifft dabei sicher das Auge Ihres Tischnachbarn.

9.9 Was tun mit Ungenießbarem?

Ungenießbares verlässt den Mund, wie es in ihn hineinkam: Gräten über die Gabel, aber die Steine der Kirschen, die Sie beim Dessert mit der Hand essen, über die Hand. Gräten und Essensreste entfernen Sie bitte nicht bei Tisch aus Ihren Zähnen, nicht einmal mit silbernem Zahnstocher hinter vorgehaltener Hand.

Wohin mit dem Kern? !

Sie haben genüsslich eine der bereitstehenden Oliven zum Aperitif ergriffen, müssen aber feststellen, dass keine Schalen oder Teller bereitstehen, um die Kerne loszuwerden. Das Naheliegendste in einer solchen Situation ist, Service-Kräfte (in der Gastronomie) oder bei einer Privateinladung die Gastgebenden um ein

Tellerchen zu bitten. Am besten schauen Sie sich, bevor Sie zu etwas »Kernigem« greifen, nach einer Ablagemöglichkeit um. So können Sie bereits um eine solche bitten, ehe Sie mit dem Kern auf der Hand dastehen.
Ist keine der oben genannten Lösungen möglich, können Sie entweder eine Serviette zum Ablegen des Kerns benutzen, ein Papierdeckchen dafür nehmen (oft in der Gastronomie als Gläseruntersatz vorhanden) oder den Kern in einem Papiertaschentuch deponieren und später entsorgen.

9.10 Der passende Wein zum Essen

Es gibt eine alte Regel, die besagt, dass zu hellem Fleisch und Fisch Weißwein und zu dunklem Fleisch Rotwein gereicht wird. Grundsätzlich kann man sich auch an diese Regel halten, obwohl sie heute etwas gelockert ist. So werden heute auch leichte Rotweine zu Fisch gereicht. Eine weitere Grundregel lautet: Leichte Weine werden vor schweren, trockene vor lieblichen, jüngere vor älteren und weiße vor roten gereicht.

Wird eine Suppe als Vorspeise gereicht, wird kein Wein dazu getrunken. Diese Meinung ist heute überholt. Folgende Regel kann als einfache Hilfe zur Auswahl dienen: Je Heller und feiner die Suppe, desto leichter und heller der Wein. Ebenso gilt umgekehrt: Je dunkler und deftiger die Suppe, desto kräftiger und dunkler der Wein. Mit dem Dessert können Gastgeber einen süßen Wein oder einen Schaumwein servieren.

Wein darf nicht gemischt werden. Sollte also noch ein Rest Weißwein im Glas sein, darf hier nicht Rotwein oder eine andere Sorte Weißwein eingeschenkt werden. Füllen Sie auch keine halbvollen Gläser nach. Vor allem nicht, wenn es sich um Rotwein handelt. Es sollten nur ganz leere Gläser nachgeschenkt werden. So kann Ihr Gast auch am besten kontrollieren, wie viel er getrunken hat. Sollten Sie nichts mehr trinken wollen, lassen Sie einen kleinen Rest im Glas.

! **Tipp**

Verzichten Sie als Weinkenner darauf, den Wein lautstark durch die Zähne zu ziehen und zu kauen, um seinen Geschmack zur vollen Entfaltung zu bringen. Bei einer Weinverkostung dürfen Sie dies ruhig tun, bei einem Essen verzichten Sie darauf.

Wird mit der Speisenfolge der Wein gewechselt, während Sie noch vom ersten Wein etwas im Glas haben, müssen Sie dieses nicht austrinken. Sie können aber den Wunsch äußern, beim leichteren Wein zu bleiben.

Abgerundet wird ein Essen mit einem Digestif. Hierzu zählen hochprozentige Getränke wie Cognac, Whisky, Magenbitter oder Schnäpse. Kräuterschnäpse helfen, das Essen zu verdauen, hingegen betäuben andere Destillate anfangs nur die Magenschleimhäute. Werden Sie, statt nach einem Digestif, als Abschluss nach einem Kaffee oder Mocca gefragt, bestellen Sie nicht unbedingt einen Latte Macchiato oder Milchkaffee. Milch ist nicht förderlich für die Verdauung, wohingegen ein Kaffee ohne Milch oder ein Mocca die Verdauung anregt.

Umgang mit Kaffeelöffeln !

Rühren Sie mit dem Kaffeelöffel nur (leise!) um und legen Sie ihn dann gleich auf die Untertasse. Ein Kaffeelöffel wird nicht in den Mund genommen und abgeleckt–egal wie viel Schaum an ihm haftet.

Wie hält man ein Weinglas?

Das Weinglas wird am Stiel gehalten. So wird der Weißwein oder Perlwein nicht warm, Sie können die Gläser beim Anstoßen klingen hören und hinterlassen keine Fingerabdrücke auf dem Glas. Rotweingläser werden allerdings nicht, um den Wein zu erwärmen, am Glasbauch gehalten. Sie wollen auch hier Fingerabdrücke vermeiden. Der Cognac-Schwenker hingegen wird am Glasbauch gehalten. Der Stiel ist ohnehin viel zu klein, um das Glas hier zu halten. Durch das Halten am Glas wird der Cognac erwärmt.

Das formvollendete Zuprosten ist die Aufgabe des Gastgebers oder des Ranghöheren. Hierzu wird das Glas am Stiel gehoben und Sie schauen Ihre Gäste an. Sich nur auf das Glas zu konzentrieren gilt als stillos. In großer Runde wird nicht angestoßen, so dass die Gläser klingen. Dies gelingt nur in einer Runde, in der man alle Gäste leicht ohne Strecken erreichen kann. Meistens ist hier eine Anzahl von vier bis fünf Personen die Obergrenze.

In der Regel wird nur mit Getränken wie Wein, Sekt oder Champagner angestoßen. Sollten Sie aber keinen Alkohol trinken, sind Sie vom Anstoßen nicht ausgenommen. Selbstverständlich dürfen Sie auch mit Mineralwasser oder Saft den anderen zuprosten. Mit Getränken wie Bier, Cocktails oder Digestifs sollten Sie die Gläser aber nur anheben.

Worte wie »Zum Wohl« oder »Prosit« (lat: es möge nützen) sind hier am schönsten. Das Ritual des Prostens sieht folgendermaßen aus: Glas heben → Zuprosten → (Anstoßen) → Blickkontakt → Trinken → Glas anheben → Glas absetzen. Und nicht vergessen: Vor dem Trinken den Mund mit der Serviette abtupfen!

9.11 Wenn etwas schief geht

Während des Essens können so einige unvorhergesehene Dinge passieren. Abgesehen von der hinabrutschenden Serviette, ein Fall, der oben bereits behandelt wurde, gibt es noch das berühmte Haar in der Suppe.

! **Tipp**

Welches Malheur Ihnen auch immer passiert, bleiben Sie gelassen. Oft merken die anderen Gästen dann nicht einmal, dass etwas passiert ist.

Sollten Sie jemals ein Haar, Tiere oder andere Dinge in Ihrem Essen finden, die dort nichts zu suchen haben, dann rufen Sie nicht vor Entsetzen aus: »Igitt, was haben wir denn da!« Rufen Sie den Kellner heran und weisen Sie ihn mit ruhiger Stimme und diskret darauf hin. Der Kellner wird Ihnen sofort eine neue Speise bringen.

Rufen Sie auch nicht lauthals »Herr Ober« durch das Lokal, eine weibliche Entsprechung für die Anrede gibt es ohnehin nicht. Merken Sie sich die Namen der für Sie zuständigen Oberkellner. Galanter ist es, Kontakt durch Blickkontakt aufzunehmen. Aufmerksames Personal wird Sie auch so bemerken.

Ihr Handy schalten Sie beim Essen ab, für den großen Notfall nutzen Sie den Vibrationsalarm oder – ganz elegant! – hinterlassen Sie das Mobiltelefon beim Oberkellner. Dieser ruft Sie dann an den Apparat, wenn es klingelt.

Rotwein auf der Tischdecke wird keinesfalls hektisch mit Salz bestreut. Machen Sie kein Aufheben, die Kellnerin deckt den Fleck mit einer Deckserviette ab. Ist ein Tischnachbar in Mitleidenschaft gezogen, bitten Sie formvollendet um Verzeihung, bieten Sie Hilfe an und wenn nötig Wiedergutmachung.

Fällt Ihnen ein Stück Brot auf den Fußboden, lassen Sie es einfach liegen. Kleckern Sie auf Ihren Anzug, überlassen Sie die Fleckbeseitigung der Reinigung. Lässt Ihnen der Fleck aber gar keine Ruhe, entschuldigen Sie sich nach dem Essen und behandeln den Fleck auf der Toilette.

Reklamationen werden ebenfalls diskret und mit Würde vorgebracht. Ob zu viel Salz auf den Kartoffeln oder Korkgeschmack im Wein – weisen Sie einen Servicemitarbeiter umgehend darauf hin und erbitten Sie Ersatz. Lassen Sie Ihre Wut nicht nach dem Essen an dem Keller aus, denn dann kann er den Fehler nicht mehr beheben. Seine einzige Möglichkeit besteht dann darin, Ihnen ein »Trostpflaster« als Entschuldigung zu geben.

Tabus bei Tisch

Zu den absoluten Tabus bei Tisch gehören folgende Verhaltensweisen:

- Die Ellenbogen auf den Tisch stützen.
- Rauchen gehen, während andere noch essen.
- Messer in den Mund nehmen.
- Mit Besteck gestikulieren.
- Mit vollem Mund reden.
- Speisen beim Geschäftsessen fotografieren
- Mit dem Essen beginnen, bevor alle ihre Speise auf dem Tisch stehen haben.
- Jacke ausziehen und an den Stuhl hängen.
- Handtasche oder Handy auf den Tisch legen.
- Benutztes Besteck auf dem Tischtuch ablegen.
- Essensreste am Glasrand hinterlassen.
- Speisen würzen, ohne sie probiert zu haben (Ausnahme: frischer Pfeffer).
- Bei einem Buffet Speisen auf einem Teller mischen (Fisch und Fleisch, süß und salzig, Dessert und Hauptgang).
- Zur Kühlung von Speisen pusten–warten Sie einfach ein wenig.
- Das Essen herunterschlingen.
- Essen beriechen.
- Rülpsen.
- Schmatzen oder Schlürfen.
- Weinflasche beim Einschenken auf dem Glasrand ablegen.
- Einmal angefasstes Brot wieder zurück in den Brotkorb legen.
- Teller nach dem Essen zurückschieben.
- Zahnstocher am Tisch benutzen–auch nicht hinter vorgehaltener Hand. Für den letzten Punkt entschuldigen Sie sich kurz bei Ihrem Tischnachbarn und erledigen dies auf der Toilette.

Was Sie beim Business-Lunch besser nicht bestellen sollten

Sie möchten einen kompetenten und stilsicheren Eindruck beim Geschäftspartner hinterlassen? Dann verzichten Sie besser auf einige Speisen. Hier sind die schlimmsten Lunch-Fallen, in die Sie tappen können. Und deren ästhetisch verträglichere Alternative. Guten Appetit!

Halbes Hähnchen

Auch wenn die Kantine des Kunden bekannt ist für die knusprigen halben Hähnchen: Finger weg. Und zwar sprichwörtlich. Besser: Hähnchenbrustfilet. Kann man mit Messer und Gabel ohne Fettspuren am Kinn essen.

Der Klassiker: Spaghetti

Rote Soße auf dem weißen Hemd sieht nie gut aus. Ebenso wenig der Rest der Sauce großflächig um die Lippen herum. Die Lösung, die Spaghetti kleinzuschneiden, sieht nach Kinderteller aus. Deshalb besser: Tortellini oder Penne wählen.

Ganze Fische

Auch wenn Sie Profi im Filetieren von Fischen sind, bestellen Sie besser keinen ganzen Fisch. Ihr Blick wird ständig auf den Teller gerichtet sein. Und da Sie sicher einen Small Talk mit dem Geschäftspartner halten möchten, wäre Blickkontakt ganz gut. Besser: Fischfilet bestellen. Bitte gleich bei der Bestellung den Kellner darum bitten. Oder Lachs ordern, die grätenfreie Variante.

Burger

Entweder essen Sie den Burger mit Messer und Gabel oder Sie verzichten besser darauf. Mit den Händen essen heißt: Die Soße läuft an den Fingern entlang, das Fleisch quillt hinten raus und der Ketchup tropft im schlechtesten Fall auf die Hose. Das muss doch nicht sein. Wenn es unbedingt Fast Food sein soll: besser die häppchengerechte Currywurst essen.

Grüner Salat

Er mag gesund sein, aber das Sprichwort »Da haben wir den Salat!« kommt nicht von ungefähr. Erstens spritzt die Salatsoße beim Falten zur mundgerechten Salatportion gerne auf Hemd und Bluse. Zweitens bleiben die Salatreste gerne in den Zähnen hängen, nach denen Sie dann mit der Zunge forschen gehen. Verzichten Sie auch auf Rucola-Salat. Besser: Bulgursalat. Tomate mit Mozzarella.

Beim Japaner

Sushi ist nicht gleich Sushi. Eselsbrücke für das Business Lunch: Nie giri! Denn beim Nigiri Sushi wird der Reis zu einer Rolle zusammengedrückt und mit Fisch oder Meeresfrüchten belegt. Abbeißen wird schwierig, da meist der Reis in die Sojasoße fällt. Und das Sushi ganz in den Mund zu nehmen sieht auch nicht gut aus. Besser: Maki Sushi. Das sind die freundlichen kleinen Röllchen mit dem Algenblatt außen herum, das den Reis sicher zusammenhält.

! **Übungen**

Übung 53: Zu jedem Essen gibt es Brot. Aber wie isst man Ciabatta oder Baguette richtig?

Übung 54: Die Schlacht am kalten Buffet ist sprichwörtlich – hier kann man wirklich korrekte Umgangsformen zeigen. Muss man die einzelnen Gerichte in einer bestimmten Reihenfolge zu sich nehmen?

Übung 55: Wie fassen Sie ein Weinglas an?

9.12 Schwierige Speisen verzehren

Die Frage »Wie isst man was?« beschäftigt uns oft dann, wenn wir unser Menü nicht selbst ausgewählt haben und mit Gerichten konfrontiert werden, die wir noch nicht kennen. Einige ausgewählte Speisen haben wir nachfolgend zusammengestellt, um Ihnen die Unsicherheit zu nehmen. Grundsätzlich gilt aber: wenn Sie den Hummer nicht selbst knacken oder den Fisch nicht filetieren möchten, bitten Sie einfach den Ober, dies für Sie zu erledigen. Das ist kein Fauxpas.

Ananas	Wird in Scheiben geschnitten serviert und mit dem Obstbesteck gegessen.
Äpfel	Der Apfel wird geschält, das Kerngehäuse entfernt, in mundgerechte Stücke geschnitten und dann mit dem Obstbesteck gegessen.
Artischocken	Artischocken werden meist lauwarm als Vorspeise serviert. Man zieht von unten beginnend Blatt für Blatt aus der Frucht heraus und tunkt sie in die Saucen, die oberhalb des Gedecks stehen. Nur der untere dicke Teil des Artischockenblattes ist genießbar, dieser wird mit den vorderen Zähnen gefasst und herausgezogen. Der Blattabfall kommt in bereitgestellte Schälchen oder auf Teller. Wenn alle Blätter abgezupft sind, bleibt als Rest der Boden mit dem »Heu«. Das ungenießbare »Heu« wird gegen den Strich mit dem Messer oder einem Löffel entfernt und kommt zu den Abfällen. Der Artischockenboden wird mit einer Gabel zerteilt, in die gewünschte Sauce getaucht und gegessen. Für das sogenannte »Herz« werden Messer und Gabel benutzt und nicht die Finger.
Austern	Am besten nimmt man die Auster mit einem Austernhandschuh oder in einer mehrfach gefalteten Serviette mit der gewölbten Seite nach unten in die Hand und trennt dann die Schale an der rückwärtigen Nahtstelle mit einem Austernmesser. Da sich in der Schale außer dem Fleisch auch noch Meerwasser befindet, sollte die Auster stets waagerecht gehalten werden. Ungeübte können sich auch mit einer Austernzange helfen. Das Fleisch haftet fest im unteren, tieferen Teil der Schale. Mit der Austerngabel entfernt man nun Bart und Darm, beträufelt das Fleisch mit etwas Zitronensaft, würzt es mit etwas frisch gemahlenem Pfeffer und schlürft das Fleisch zusammen mit dem Meerwasser aus. Ob man sie allerdings mit Bart und Darm genießt oder ungekaut hinunterschluckt, ist eine Frage des Geschmacks und jedem selbst überlassen.
Avocado	Sie wird meist halbiert und gefüllt angeboten. Man hält die Frucht in der linken Hand und schält das Fruchtfleisch mit einem kleinen Löffel heraus.

Bananen	Der Stiel der Banane wird umgeknickt, die Frucht bis zur Hälfte abgeschält. Das freigelegte Stück wird verspeist, dann schält man weiter und verzehrt den Rest. Bananen können aber auch mit Messer und Gabel gegessen werden. Der Stiel und das Ende werden mit dem Messer abgeschnitten. Die Schale wird an der oberen Seite eingeschnitten. Nun kann die Banane mit Hilfe des Messers quer ausgewickelt und stückchenweise mit Messer und Gabel gegessen werden.
Birnen	Da sie meist sehr saftig sind, sollte man Obstmesser und Gabel dazu verwenden.
Garnelen/Scampi	Bekommen Sie Garnelen mit Panzer geliefert und finden keine Fingerschale vor sich, sollten Sie den Tierchen mit Messer und Gabel zu Leibe rücken. Hierfür wird als Erstes der Kopf mit einem Messerschnitt vom Körper getrennt. Halten Sie mit der Gabel den Körper fest und gleiten nun mit dem Messer an der Bauchseite unter den Panzer. Am besten geht dies an der Stelle, wo eben noch der Kopf gewesen ist. Nun können Sie langsam den Panzer vom Fleisch lösen. Entweder schneiden Sie den letzten Teil vom Schwanz einfach ab und lassen die Schwanzflosse und seinen Inhalt liegen oder Sie klemmen die Flosse am Ende zwischen Messer und Teller ein und versuchen durch leichtes Ziehen mit der Gabel am freigelösten Körper den letzten Rest aus der Flosse zu lösen. Oder, Sie bestellen die Scampi gleich ausgelöst.
Geflügel	Gebratene oder gegrillte Hähnchen werden mit Messer und Gabel gegessen, sofern Sie keine Fingerschale oder ein Erfrischungstuch vorfinden. Allerdings sieht es immer appetitlicher aus, wenn man mit Messer und Gabel isst. Bei Truthahn und Gans wird das Brustfleisch mit einem Messer entlang dem Brustbein abgelöst und in Scheiben geschnitten verzehrt. Die Keulen, die man mit dem Tranchiermesser abtrennt, sollten auch mit Messer und Gabel verzehrt werden.
Hummer	Dieses delikate Krustentier wird meistens erst bei Tisch auf einem Brett der Länge nach halbiert und serviert. Von jeder Hälfte wird die Hummerschere durch einen kurzen Ruck abgelöst und der dickere Teil mit dem Messer angeschlagen. So lässt er sich beim Essen leicht brechen. Nachdem die Hummerscheren vom Körper gelöst und dann selbst noch einmal getrennt wurden, werden die vier zweigliedrigen Beine direkt am Körper abgedreht. In der rechten Hand liegt die Hummergabel, mit der linken Hand wird der Hummerkörper festgehalten. Mit dem löffelartigen Griff der Gabel wird nun der genießbare Teil des Tieres aus seiner Schale gehoben und mit dem Fischbesteck gegessen. Dann bricht man die größeren Teile der Hummerscheren auseinander. Die Beine des Hummers werden mit den Fingern an den Gelenken auseinandergebrochen und dann ausgesogen. Die Hände reinigen Sie im Fingerschälchen mit Zitronenwasser.

Kaviar	Stilecht wird er mit einem Perlmuttlöffel gegessen. Der Kaviargeschmack kann sich unter einer Metallberührung verändern. Aus optischen Gründen ist er auf Eis in Glasschalen zu servieren. Die Art, den Kaviar zu genießen, ist reine Geschmacksache. Da er meist in kleineren Portionen gereicht wird, legt man den Kaviar mit einem Löffel auf ein Stück mundgerechtes Baguette oder Toast.
Käse	Käse ist eine Zwischenmahlzeit, die häufig zwischen Hauptgericht und Dessert gereicht wird. Die verschiedenen Käsesorten werden mit dem beigelegten Käsemesser in kleinen Portionen abgeschnitten, dazu gibt es verschiedene Brotsorten. Es sollte immer eine ungerade Anzahl Käse gereicht werden. Der Kellner setzt den Teller so beim Gast ein, dass die mildeste Sorte bei sechs Uhr steht. Man isst dann ab sechs Uhr in Uhrzeigerrichtung von mild nach kräftig.
Kirschen	Kirschen werden frisch serviert und mit den Fingern gegessen. Den Kern darf man diskret in der Faust verschwinden lassen, um ihn dann auf dem Teller abzulegen.
Krebse	Mit der linken Hand aus der Schale lösen. Mit der rechten Hand den Schwanz ausbrechen und seitlich aufschneiden. Die Spitze der Schere abschneiden und das Fleisch mit einer zweizinkigen Gabel herausholen. Den Rückenpanzer mit der Hand auseinanderbiegen. Das Fleisch mit dem Krebsbesteck essen.
Maiskolben	Werden die Maiskolben in rustikalen Ambiente serviert, können Sie den Kolben mit den Fingerspitzen anfassen und abnagen. Die schönere Alternative ist, wenn Sie den Kolben zwischen zwei Gabeln aufspießen und dann essen.
Mandarinen	Mandarinen schält und isst man Stück für Stück mit den Fingern.
Muscheln	Muscheln werden in einer Terrine serviert. Man nimmt eine der zweihälftigen Schalen, pult bei dieser ersten Muschel das gelblichweiße Fleisch mit der Gabel heraus. Die nun leeren Schalenhälften, die noch miteinander verbunden sind, dienen nun als Besteck. Mit dieser »Muschel-Zange« zieht man nun das Fleisch aus den übrigen Schalen heraus und führt es zum Mund.
Pastete	Diese wird niemals mit dem Messer geschnitten, sondern nur mit der Gabel oder eventuell mit einem Löffel gegessen.
Pfirsiche	Ob geschält oder ungeschält, Pfirsiche werden immer mit dem Obstbesteck gegessen.
Pflaumen	Pflaumen bricht man mit den Fingern auf und entfernt vorsichtig den Kern. Fruchtfleisch wird mit der Hand zum Mund geführt.

Schnecken	Schnecken serviert man in Spezialpfannen mit dem Schneckenbesteck. Dabei wird das Gehäuse mit der Schneckenzange aus der Pfanne genommen und mit der zweizinkigen Gabel das Fleisch aus dem Gehäuse geholt. Das Fleisch isst man direkt von der Gabel oder legt es zunächst auf den Löffel, um die Schnecke mit der heißen, flüssigen Butter aus dem Gehäuse zu übergießen.
Shrimps	Sie dürfen mit den Händen ausgelöst, müssen aber mit Messer und Gabel gegessen werden.
Spaghetti	Italienische Gourmets erklärten folgende Methode für die richtige: Die Gabel wird in die Mitte der Spaghetti gesetzt und langsam gedreht, damit sich die Nudeln aufrollen. Dann führt man die Gabel zum Mund. Am besten nehmen Sie nur drei bis vier Spaghettis zwischen die Zinken und wickeln diese am Tellerrand auf Ihre Gabel auf. Tun Sie dies möglichst solange, bis keine langen Spaghettienden mehr herabhängen. Enden mit bis zu zwei Zentimeter können Sie ohne Probleme in den Mund bekommen. Es ist übrigens stillos, Spaghetti zu schneiden. Weniger versierte Spaghettifans sollten aber den Gebrauch eines Löffels nicht verachten.
Spargel	Spargel werden von Fachleuten mit der Spitze nach links auf dem Teller serviert. Er wird heute meist nicht mehr mit der Hand gegessen, sondern mit dem Messer zerteilt. Man isst ihn immer von der Spitze her.
Weinbergschnecken	Das Gehäuse wird mit der Schneckenzange gehalten, mit der Schneckengabel zieht man das Fleisch auf den bereit liegenden Esslöffel heraus. Dann gibt man die Kräuterbuttersoße aus dem Gehäuse über das Fleisch und führt den Esslöffel zum Mund. Mit dem Toastbrot saugt man die restliche Kräuterbutter von der Schneckenpfanne auf (hier ist das Aufsaugen mit Brot also erlaubt!).
Weintrauben	Ein Teilast wird abgebrochen, um dann die Trauben mit den Fingern von der Rispe abgezupft zum Mund zu führen. Idealerweise serviert man die Trauben schon in klein geschnittenen Ästen.

10 Einladungen aussprechen und annehmen

Schon in der Art, wie Sie jemanden einladen oder selbst auf eine Einladung reagieren, können Sie Stil zeigen. Sie erfahren in diesem Kapitel, welche wichtigen Themen in einer Einladung angesprochen werden müssen, damit Ihre Gäste wissen, was auf sie zukommt und was von ihnen erwartet wird. Und wir klären natürlich auf, wann Sie als Gast sportlich leger oder festlich erscheinen und was Sie als Gastgeschenk mitbringen können.

Wenn Sie eine Einladung zu einer Veranstaltung aussprechen, ob Geschäftsessen oder Firmenjubiläum, müssen Sie immer auf folgende Punkte eingehen: Wer, wann, wohin, zu welcher Veranstaltung und aus welchem Anlass einlädt. Um dem Eingeladenen die Zu- oder Absage zu erleichtern, wird einer schriftlichen Einladung eine Antwortkarte oder ein Antwortfax beigefügt. Oft trifft man auf die Formulierung »Ich komme mit … Personen.«, die nicht ganz eindeutig ist. Es stellt sich die Frage, ob man sich selbst dazu zählt oder nicht. Benutzen Sie deshalb bei der Gestaltung Ihrer Einladungen besser die Version »Ich nehme teil und bringe … Personen mit«.

So wie eine Einladung ausgesprochen wurde, wird sie auch angenommen oder abgelehnt! Wenn Sie eine schriftliche Einladung per Post bekommen haben, sollten Sie diese auch per Brief erwidern. Warten Sie auch nicht zu lange mit der Antwort, Ihre Gastgeber haben sicher einige Vorbereitungen zu treffen.

10.1 Geheimcodes auf Einladungen und deren Bedeutung

Sie finden Zeit- oder Bekleidungsvermerke auf der Einladung, die unbedingt einzuhalten sind. Dazu gehören:

- U.A.w.g. (»Um Antwort wird gebeten«) mit einer Datumsangabe.
- Im Englischen bzw. Französischen werden die Kürzel r.s.v.p. (»répondez s'il vous plaît«) mit Datumsangabe benutzt.

Im universitären Umfeld finden Sie oft diese Abkürzungen:

- c.t. (lat.: cum tempore) mit Uhrzeit, was Ihnen eine Verspätung der akademischen Viertelstunde erlaubt.
- s.t. (lat.: sine tempore) mit Uhrzeit: Mit dieser Angabe werden Sie gebeten, pünktlich Ihre Plätze einzunehmen.

Kleidervermerke–welcher Anzug ist richtig?
Neben den zeitlichen Aspekten finden Sie oft auch Kleidervermerke auf Einladungen. An diese sollten Sie sich halten, denn der Gastgeber hat die Veranstaltung in einem bestimmten Rahmen geplant, den Sie bitte respektieren. Aber was ist denn nun damit gemeint, wenn z. B. der Vermerk »Smoking«–im Englischen »black tie«–ausgewiesen ist? Für den Herren bedeutet dies, er möge im Smoking kommen bzw. bei Freiluftveranstaltungen im Dinnerjackett. Die Dame trägt bei diesem Vermerk feierliche Garderobe, also ein langes Abendkleid, aber nicht das große Ballkleid. Dieses wäre nur passend, wenn der Herr im Frack kommt. Dazu wird er mit den Worten »white tie« in der Einladung aufgefordert.

Unter die Rubrik Abendkleidung fallen folgende Möglichkeiten:

Für den Herren: dunkler und schwarzer Anzug, Smoking oder Frack. Letzteres ist aber heutzutage meistens nur auf Bällen und Galen angebracht. Denken Sie daran: Smoking und Frack dürfen die Sonne nicht sehen. Bei offiziellen und hochoffiziellen Veranstaltungen, die vor 17:00 Uhr beginnen, trägt der Herr einen schwarzen Anzug mit steigenden Revers, Paspeltaschen und schlitzlosem Rückenteil oder auf Hochzeiten z. B. auch einen Cut. Bei offiziellen Veranstaltungen, die später anfangen, ist statt eines Smokings ein schwarzer Anzug nicht verkehrt.

Wie leger dürfen Sie kommen, wenn auf einer Firmenveranstaltung »sportlich leger« vermerkt ist? Dieser Dresscode bedeutet für Sie eine Kombination (siehe Dresscode), lange Stoffhose, Hemd oder Poloshirt und Sakko. Eine Krawatte wird eher nicht erwartet.

Beachten Sie hier, dass es sich um eine Firmenveranstaltung handelt und Sie nicht zu leger auftreten können. Also keine Turnschuhe, kurze Hosen oder Jogginghosen.

Weitere Vermerke sind: »Eintritt nur mit Kostüm und Maske« oder »feierliche Kleidung erwünscht«. Der Dresscode »Kostüm und Maske« ist selbstredend, man erwartet eine Verkleidung von Ihnen. Unter der Rubrik feierliche Kleidung kann natürlich vieles fallen. Hierbei sollten Sie aber immer den Beginn der Veranstaltung im Hinterkopf haben.

Es gehört zum guten Ton, sich bei allen Gastgebern persönlich zu verabschieden und sich für die Einladung zu bedanken. Ob im privaten oder geschäftlichen Umfeld sollten Sie sich ein bis zwei Tage nach dem Fest beim Gastgeber melden und sich nochmals für das gelungene Fest bedanken. Dies kann sowohl per Telefon als auch per Brief geschehen.

10.2 Veranstaltungsformen im Business

Im beruflichen Umfeld gibt es einige Veranstaltungsformen, die wir hier kurz ansprechen möchten. Im Vorfeld jeder Veranstaltung stellen Sie sich die folgenden Fragen und Sie sind jeder Situation gewachsen:

- Wie pünktlich muss ich erscheinen?
- Was muss ich anziehen?
- Wird ein Geschenk erwartet oder reicht ein Blumenstrauß?
- Gibt es etwas zu essen oder sollte ich vorher etwas zu mir nehmen?
- Gibt es die Möglichkeit, Kontakte zu pflegen und auszubauen?
- Bin ich allein eingeladen oder darf ich jemanden mitbringen?
- Wann ist es angebracht, aufzubrechen?

Das Firmenjubiläum (abends im eleganten Hotel)	
Pünktlichkeit:	Toleranz minimal
Kleidung:	Dunkler Anzug, Smoking; langes Abendkleid
Geschenk:	Nein
Essen & Trinken:	Festlich
Kontakte:	Gut
Mitbringen von Personen:	Nein
Aufbrechen:	Nach den Programmpunkten bzw. nach dem Festessen
Empfang (z. B. Jubiläum der Stadt um 11:00 Uhr vormittags)	
Pünktlichkeit:	Ja, wenig Toleranz
Kleidung	Festlich, Anzug, Kostüm oder knielanges Kleid
Geschenk:	Nein
Essen & Trinken:	Stehparty, Getränke und Canapés
Kontakte:	Eigeninitiative notwendig
Mitbringen von Personen:	Nein
Aufbrechen:	Nachdem die Ehrengäste gegangen sind

Das Abendessen bei Ihrem Chef (privat)	
Pünktlichkeit:	Ja, keine Toleranz
Kleidung:	Business casual, wenn nicht anders ausgewiesen
Geschenk:	Ja, Blumen, Konfekt oder Aufmerksamkeit
Essen & Trinken:	Festlich
Kontakte:	Gut
Mitbringen von Personen:	Nein
Aufbrechen:	½ bis ¾ Stunde nach dem Mocca
Firmen Golfveranstaltung (Golfclub, tagsüber)	
Pünktlichkeit:	Zwei Stunden vor Turnierbeginn
Kleidung:	Sportlich leger – sportlich elegant zum Abendessen
Geschenk:	Nein
Essen & Trinken:	Festlich
Kontakte:	Gut
Mitbringen von Personen:	Nein
Aufbrechen:	Nach den Programmpunkten bzw. nach dem Festessen

! **Tipp**

Sind Sie auf einem Stehempfang eingeladen, halten Sie Ihr Glas am besten in der linken Hand, so haben Sie zur Begrüßung immer die rechte Hand frei.
Haben Sie sowohl Glas als auch Teller zu halten, suchen Sie sich möglichst ein Plätzchen im Raum, wo Sie das Glas in Ihrer Nähe abstellen können. Geeignet sind hierfür Fenstersimse, kleine Stehtische, Kaminsimse oder sogar eine Bar, wenn vorhanden.

10.3 Was schenkt Mann?

Die häufigsten Anlässe für Gastgeschenke im beruflichen Umfeld sind Geschäftsbesuche, Einladungen zum Essen sowie Konferenzen und Events. Als Gastgeschenke bezeichnet man zum einen Geschenke, die Sie als Gast mitbringen, als auch Geschenke, die vom Gastgeber als Erinnerung an die Gäste übergeben werden. Bei der Auswahl des Geschenks sollten die Beziehung zum Beschenkten, die Position und die persönlichen Interessen berücksichtigt werden.

Je seltener ein Ereignis gefeiert wird, desto aufwendiger ist das Geschenk. Die Präsente sollten aber nicht zu groß ausfallen, damit sie nicht als Verpflichtung empfunden werden. Verzichten Sie auch auf Präsente mit Werbeaufdruck.

Tipp !

Entscheiden Sie sich für Geschenke mit regionalem Bezug, wie beispielsweise einen Bildband aus der Region. Auf keinen Fall ausländische Produkte mit dem Label »Made in Hongkong« auswählen.

Gastgeschenke müssen nicht persönlich überreicht werden. Bleiben Ihre Gäste beispielsweise bei einem Event über Nacht, können Sie als Gastgeber die Präsente in das Hotelzimmer legen lassen. Vergessen Sie dabei nicht, eine Visitenkarte mit einem persönlichen Gruß beizulegen.

Tipp !

Als gute Gedankenstütze beim Schenken bietet sich das Führen einer Geschenke- und Interessendatei an, damit Sie den Überblick behalten.

Blumen als Geschenk

Mit einem Blumengeschenk liegen Sie als Mann immer richtig. Blumen eignen sich als Zeichen der Verbundenheit, für positive und negative Anlässe. Verzichten Sie bei größeren Festen, Empfängen oder Einladungen zu Vernissagen auf das Mitbringen der Blumen. Lassen Sie den Strauß besser mit einem schriftlichen Dank für die Einladung nach dem Fest liefern.

Zum Blumenstrauß bei offiziellen Feiern gehört eine Karte mit einem persönlichen Grußtext. Vor der Übergabe entfernen Sie bitte die Papierverpackung – Klarsichtfolie wirkt jedoch repräsentativ und darf bleiben. Am schönsten wirkt der Blumenstrauß jedoch immer ohne Verpackung.

Wenn Sie als Paar eingeladen sind, ist das Überreichen der Blumen Sache des Herrn. Sind die Gastgeber ebenfalls ein Paar, reicht der eingeladene Herr der Dame des Hauses den Strauß. Höfliche Gastgeber stellen Schnittblumen sofort in eine Vase.

Welche Blumen zu welchem Anlass?

Die früher einmal geltende »Blumensprache« beherrscht heute kaum noch jemand. Sie können deshalb – mit Ausnahme von roten Rosen als Zeichen der Liebe sowie Nelken, die immer noch als Grabblumen gelten – alle Blumensorten ohne Bedenken verschenken. Seien Sie ruhig mutig und greifen Sie auch mal zu exotischen Blumen. Falls Sie unsicher sind, lassen Sie sich von Ihrem Floristen beraten.

Gastgeschenke im Ausland	
China	Wenn Sie wissen, dass Ihr Geschäftskontakt raucht, machen Sie sich mit einer Stange (nicht einer Packung) Marlboro oder 555 (san wu) einen Freund fürs Leben. Blumen sind als Gastgeschenk in China nicht üblich. Man ehrt dort üblicherweise die Toten mit Blumen.
Frankreich	Blumen sind für eine private Geschäftseinladung durchaus angebracht. Im Gegensatz zu Deutschland bleibt der Strauß bei der Übergabe im Papier eingewickelt. Vorsicht: Keine Nelken verschenken!
Italien	Gastgeschenke sind in Italien gern gesehen. Mit einer guten Flasche Wein oder einem Strauß Blumen (keine Chrysanthemen) sind Sie für eine private Einladung zum Essen perfekt ausgerüstet.
Japan	Es ist absolut üblich, Gastgebern schon bei Ihrer Ankunft Geschenke zu machen. Überreichen Sie diese immer mit beiden Händen. Die Geschenke sollten auch hochwertig eingepackt sein. Verschenken Sie keine weißen Blumen, Weiß ist in Japan die Farbe der Trauer.
Russland	Gastgeschenke sind üblich. Typischerweise werden Ihnen Geschenke gemacht, die einen Bezug zum Land haben. Hierzu gehören die altbekannten Matrjoschkas aber auch Samoware. Ihr russischer Geschäftspartner wird sich durchaus über eine landestypische Spezialität von Ihnen freuen. Selbst zum privaten Essen werden oft Geschenke wie Obst oder Wodka mitgebracht.

! **Übungen**

Übung 56: Wie sagen Sie die Einladung zu einem Firmenjubiläum stilvoll ab?
Übung 57: Zu welchen geschäftlichen Anlässen sind Gastgeschenke üblich?
Übung 58: Wann sollten Sie sich von einer Veranstaltung/Einladung verabschieden?
Übung 59: Was bedeuten die Abkürzungen c.t. und s.t. auf Einladungen?

Anhang

Übersicht: Die häufigsten Benimmfallen

Sollte ein Mann bei einem Fest im selben Outfit kommen wie seine Partnerin? Wie lange dürfen Sie mit der Frau eines Kollegen tanzen? Wie viel dürfen Männer bei einer Betriebsfeier trinken? Wir stellen Ihnen hier neben einigen allgemeinen Benimmfallen auch solche vor, in die gerade Männer gerne tappen.

Übersicht: Die häufigsten Benimmfallen	
Unpünktlichkeit	Achten Sie immer darauf, pünktlich zu sein. Gehen Sie mit der Zeit anderer um, als sei es Ihre eigene. Wenn Sie zu spät kommen, entschuldigen Sie sich für Ihre Unpünktlichkeit. Ausreden wie Stau oder hohes Verkehrsaufkommen sollten Sie aber weglassen. Seien Sie etwas kreativer. Rufen Sie an, sobald sie merken, dass Sie unpünktlich sein werden.
Partnerlook	Wer kennt das Bild nicht? Mann und Frau im gleichen Outfit, einmal in Größe S und einmal in Größe L. Stilvoller Partnerlook bedeutet, dass Mann und Frau ihre Farben aufeinander abstimmen und der Stil der Kleidung ähnlich ist. Mehr nicht.
Speise des Tischnachbarn probieren	Weder bei einem privaten noch bei einem Geschäftsessen sollten Sie auf die Idee kommen, die Speisen des Nachbarn zu probieren. Auch wechselt die unangerührte Vorspeise Ihres Tischnachbarn nicht den Platz.
Mit der Frau des Kollegen oder Chefs länger tanzen	Ein Tänzchen ist durchaus erlaubt. Sie wollen aber niemanden misstrauisch machen, Ihre Karriere nicht gefährden und Klatsch vermeiden.
Teller beim Essen drehen	Während des Essens wird der Teller nicht gedreht, um besser an die Speisen zu kommen. Ein Teller wird vom Kellner so eingesetzt, dass Fisch oder Fleisch immer zum Essenden zeigt. Sie bewegen nur die Speisen auf dem Teller, nicht aber den Teller selbst.
Namen vergessen	Ist Ihnen jemand vorgestellt worden, vergessen aber während der Unterhaltung den Namen, fragen Sie ruhig noch einmal nach. Dieses sollten Sie aber nur einmal während einer Unterhaltung tun. Haben Sie den Namen wieder vergessen, suchen Sie eine andere Möglichkeit, wie z. B. gemeinsame Bekannte, die Ihnen den Namen nennen können.

Übersicht: Die häufigsten Benimmfallen	
Keine Verpflegung während eines langen Meetings	Haben Sie eine längere Besprechung einberufen, achten Sie darauf, dass Ihre Gäste zu trinken und zu essen bekommen. Mit knurrendem Magen kann sich keiner gut konzentrieren.
Auf dem Teller »kochen«	Kommen Sie nicht auf die Idee, Kartoffeln und Soße miteinander zu vermengen und zu mußen oder ein Dessert mit Früchten zu verrühren. Die Speisen werden wie serviert gegessen und nicht in ihrer Konsistenz verändert.
Dem Chef die Hand als Erster reichen	Es ist unhöflich, als Rangniederer dem Ranghöheren die Hand entgegenzustrecken. Warten Sie ab, bis Ihnen diese gereicht wird.
Weinflasche beim Einschenken auf das Glas aufsetzen	Beim Einschenken von Getränken sollten Sie darauf achten, dass die Flasche nicht auf dem Glasrand aufsetzt. Es können hässliche Geräusche entstehen, das Glas kann dabei beschädigt werden oder sogar umfallen.
Sonnenbrille aufbehalten	Ziehen Sie die Sonnenbrille ab, wenn Sie einem Bekannten auf der Straße begegnen. Der direkte Augenkontakt weckt Vertrauen und macht sympathisch.
Handy anlassen	Ob Theater, Besprechung, Restaurantbesuch oder Gang ins Fitnessstudio: Das Handy muss ausgeschaltet sein. Belästigen Sie Ihre Mitmenschen nicht mit nervigen Klingeltönen, sondern schalten Sie, wenn Sie dringend erreichbar sein müssen, auf lautlos oder Vibrationsalarm.
Negative Botschaften per Kurznachricht senden	Ob Terminverspätung beim Kunden, Absagen auf Einladungen oder andere schlechte Botschaften: Eine Kurznachricht reicht nicht aus und ist stillos. Muss die Nachricht sehr schnell gehen, senden Sie eine SMS vorweg. Aber vergessen Sie nie, eine schriftliche Begründung hinterherzuschicken.
Sitzenbleiben zur Begrüßung	Männer und Frauen stehen zur Begrüßung auf und zeigen so ihre Wertschätzung den Geschäftspartnern gegenüber.
Gesprächspartner unterbrechen	Wer anderen ständig ins Wort fällt, übermittelt den Gesprächspartnern das Gefühl, unwichtig zu sein. Üben Sie geduldiges Zuhören und lassen Sie die Gesprächspartner ausreden. Nur durch aktives Zuhören erfahren Sie etwas über die andere Person und erhalten Informationen, auf die Sie im Gespräch aufbauen können.

Übersicht: Die häufigsten Benimmfallen	
Ein- und Nachschenken von Kaffeetassen	Wenn Ihnen jemand Kaffee oder Tee nachschenken möchte, reichen Sie die Tasse mit der Untertasse an. Nur die Tasse am Henkel entgegenzustrecken ist nicht angebracht. Für den Einschenkenden ist es einfacher, die Tasse an der Untertasse zu nehmen und dann einzuschenken.
Benimmfalle Betriebsfeier	Das Restaurant für die Feier wurde gut ausgewählt, die Stimmung ist ausgelassen und mit den Kollegen haben Sie sich lange nicht mehr so gut unterhalten. Beachten Sie in Ihrem eigenen Interesse – auch wenn die Party noch so gut ist –, dass Sie unter ständiger Beobachtung Ihrer Kollegen und Vorgesetzten stehen. Betriebsfeiern eignen sich bestens, um einfach einmal zu checken, wie gut der eine oder andere Mitarbeiter die gesellschaftlichen Spielregeln beherrscht. Ihr Auftritt bei solchen Anlässen kann über Ihre berufliche Zukunft im Unternehmen entscheiden. Die Anzahl der Cocktails wird genauso registriert wie der kurze Flirt mit der hübschen Kollegin aus der anderen Abteilung. Geben Sie den Klatschbasen also keine Chance und behalten Sie alles unter Kontrolle. Vermeiden Sie auch im Gespräch mit Vorgesetzten geschäftliche Themen.

Multiple-Choice-Test: Checken Sie Ihren Business-Stil

Mit diesem Multiple-Choice-Test können Sie Ihren Business-Stil testen. Zu jeder Frage ist nur eine Antwort richtig. Die Lösungen finden Sie am Ende dieser Übung.

1.	Wo steht der Brotteller bei einem offiziellen Essen im Restaurant?	
	a) Links vom Gedeck.	☐
	b) Rechts vom Gedeck.	☐
	c) Oberhalb, und zwar neben den Gläsern.	☐
2.	Jemand niest während eines Meetings. Was sagen Sie?	
	a) »Gesundheit.«	☐
	b) Nichts.	☐
	c) »Prosit!«	☐
3.	Wann ist eine E-Mail nicht korrekt?	
	a) Bei einer Einladung zur Betriebsfeier.	☐
	b) Bei einer Meeting-Einladung.	☐
	c) Bei Glückwünschen zu Kundengeburtstagen.	☐
4.	Der Gastgeber eröffnet das Essen …	
	a) indem er den Gästen einen »Guten Appetit« wünscht.	☐
	b) indem er wartet, bis ein Gast sein Glas erhebt.	☐
	c) indem er mit dem Essen beginnt.	☐
5.	Was machen Sie mit einer Papierserviette nach dem Essen?	
	a) Auf den Teller legen.	☐
	b) Links neben den Teller legen.	☐
	c) Zusammengeknüllt in den Aschenbecher legen.	☐
6.	Sie sitzen mit Ihrer Kollegin Sabine Lück, mit der Sie längst per Du sind, in einem Meeting. Wie sprechen Sie sie in Anwesenheit des Kunden an?	
	a) »Frau Lück« und »Sie«.	☐
	b) »Sabine« und »Sie«.	☐
	c) »Du« in der direkten Anrede und »Frau Lück«, wenn ich über sie spreche.	☐

7.	Wann kann ich den akademischen Titel meines Gesprächspartners weglassen?	
	a) Wenn es zu lange dauert, ihn ständig zu nennen.	☐
	b) Wenn er mir erlassen wird.	☐
	c) Wenn ihn andere Gesprächsteilnehmer auch weglassen.	☐
8.	Wann übergeben Sie die Visitenkarte bei einem Meeting?	
	a) Am Ende der Besprechung.	☐
	b) Wenn ich den Namen des Gesprächspartners vergessen habe.	☐
	c) Beim Bekanntmachen.	☐
9.	Sie stehen mit Ihrem Chef und einer älteren Kollegin vor dem Fahrstuhl. Wer geht zuerst hinein?	
	a) Ich stehe ganz vorne, gehe also zuerst hinein.	☐
	b) Der Chef bekommt den Vortritt.	☐
	c) Die Kollegin bekommt als Dame den Vortritt.	☐
10.	Wohin mit der Serviette, wenn Sie kurz den Platz verlassen müssen?	
	a) Auf den Sitz des Stuhls.	☐
	b) Auf die Lehne.	☐
	c) Links neben den Teller.	☐
11.	Wenn Sie in Ihren E-Mails nur Kleinschreibung verwenden, entspricht dies der Handhabung dieses Mediums?	
	a) Ja	☐
	b) Nein	☐
12.	Darf die Dekoration auf dem Teller mitgegessen werden?	
	a) Ja	☐
	b) Nein	☐
13.	Wenn Sie zu einem mehrgängigen Menü verschiedene Weine genießen, »dürfen« Sie zum Vorgänger zurückkehren?	
	a) Ja	☐
	b) Nein	☐

14.	Die Schlacht am kalten Buffet ist sprichwörtlich – hier kann man wirklich gute Umgangsformen zeigen. Muss man die einzelnen Gerichte in einer bestimmten Reihenfolge zu sich nehmen?	
	a) Nein, deshalb ist es ja ein Buffet: Man kann nach Geschmack zusammenstellen.	☐
	b) Ja, und zwar entsprechend der Reihenfolge der Gänge in einem Menü.	☐
	c) Man geht genau zwei Mal zum Buffet, davon nur einmal fürs Dessert. Aus diesem Grund sind Buffetteller extra groß.	☐
15.	Darf man bei einem mehrgängigen Essen rauchen gehen?	
	a) Ja, aber nur zwischen den Gängen.	☐
	b) Ja, aber nur nach dem Hauptgang.	☐
	c) Ja, aber erst nach dem Dessert.	☐
16.	Sind Kleidervermerke auf schriftlichen Einladungen bindend?	
	a) Ja	☐
	b) Nein	☐
17.	Darf man kleine Suppentassen mit Henkeln am Schluss austrinken?	
	a) Ja	☐
	b) Nein	☐
18.	Wird in der Anrede im Brief »Dr.« abgekürzt, »Professor« aber ausgeschrieben?	
	a) Ja	☐
	b) Nein	☐
19.	Wie erscheinen Sie am ersten Tag im neuen Job?	
	a) Genauso wie beim Vorstellungsgespräch.	☐
	b) Sie kleiden sich möglichst konservativ, um nicht unnötig für Gerede zu sorgen.	☐
	c) Sie kommen in Jeans und Sakko, so passen Sie sich an alle Situationen gut an.	☐
20.	Wie wird ein Weinglas angefasst?	
	a) Egal.	☐
	b) Am Stiel.	☐
	c) Am Kelch.	☐
	d) Am Glasboden.	☐

21.	Was machen Sie mit dem berühmten Haar in der Suppe?	
	a) Sie zeigen allen am Tisch Ihren Fund und beschweren sich.	☐
	b) Sie rufen den Kellner und bitten um eine neue Suppe.	☐
	c) Sie legen es dezent auf den Unterteller und essen weiter.	☐
22.	Sie sind auf einem Empfang und gehen auf einen Stehtisch zu, an dem mehrere Gäste ein Glas Sekt trinken. Einige von ihnen kennen Sie, die anderen nicht. Was tun Sie?	
	a) Ich begrüße zuerst die Damen, dann die Herren, ob ich sie kenne oder nicht.	☐
	b) Ich begrüße zuerst meine Bekannten, dann stelle ich mich den anderen vor.	☐
	c) Ich begrüße zuerst die Unbekannten und stelle mich ihnen vor.	☐
23.	Sie sind mitten in einem Kundengespräch und haben vergessen, Ihr Handy auszustellen. Was machen Sie?	
	a) Sie drücken das Gespräch einfach weg.	☐
	b) Entschuldigen Sie sich bei Ihrem Gesprächspartner dafür, dass Sie das Handy nicht ausgeschaltet haben. Bitten Sie aber um Erlaubnis, das Gespräch annehmen zu dürfen.	☐
	a) Sie lassen es klingeln und checken nach der Besprechung Ihre Mailbox.	☐
24.	Wo sitzt der Ehrengast bei einem Geschäftsessen oder einer Firmenveranstaltung?	
	a) Wo er möchte.	☐
	b) Rechts oder gegenüber vom Gastgeber.	☐
	c) Links oder gegenüber vom Gastgeber.	☐
25.	Zum Käse werden Weintrauben serviert. Wie essen Sie diese?	
	a) Sie zupfen sich so viele Trauben ab, wie Sie essen möchten.	☐
	b) Sie reißen eine Rispe von der ganzen Traube ab und verspeisen die Trauben dann von Ihrem Teller.	☐
	c) Sie nehmen sich nur die heruntergefallenen Trauben.	☐

Lösungen zum Business-Check

1. b)	6. b)	11. a)	16. a)	21. b)
2. c)	7. c)	12. b)	17. a)	22. b)
3. c)	8. b)	13. b)	18. b)	23. b)
4. b)	9. c)	14. c)	19. b)	24. b)
5. c)	10. b)	15. a)	20. b)	25. b)

Lösungsteil zu den Übungen

Übung 1: Welche Punkte sollten Sie beachten, wenn Sie zu einem Vorstellungsgespräch eingeladen sind?

- Pünktlichkeit ist die oberste Regel.
- Gute Kleidung ist ein Muss.
- Anzug ist Pflicht.
- Nicht zu viel Parfum.
- Zu viel Accessoires sind stillos.
- Sie haben geputzte Schuhe.
- Sie achten auf Ihre Körpersprache.

Übung 2: Nennen Sie vier Situationen, in denen Sie einen ersten Eindruck hinterlassen.

- Vorstellungsgespräch.
- Der erste Tag am neuen Arbeitsplatz.
- Das erste Treffen mit den zukünftigen Schwiegereltern.
- Wichtige Geschäftseinladungen.
- Der erste Kundenbesuch.

Übung 3: Wie können Sie Ihre Stimme trainieren und aufwärmen?

- Vermeiden Sie Nikotin, Alkohol und trockene Heizungsluft.
- Bauchatmung anwenden.
- Bezugsperson in hinteren Sitzreihen suchen, die Sie stimmlich erreichen möchten.
- Trinken Sie Wasser ohne Kohlensäure bei Vorträgen.
- Reden Sie sich vor dem Auftritt warm.

Übung 4: Sie haben dem Ranghöheren zuerst die Hand gereicht und er zögert. Wie verhalten Sie sich am besten?

Bleiben Sie beharrlich. Es ist zwar eine unangenehme Situation, aber jetzt die Hand zurückzunehmen wäre noch peinlicher. Der Ranghöhere mag sich eventuell wundern, sollte aber Ihre Hand ergreifen, um Sie aus dieser Misere zu befreien. Tut er es nicht, wissen Sie, woran Sie sind.

Übung 5: Man reicht Ihnen die Hand, doch der Händedruck fühlt sich lasch an. Wie reagieren Sie?
Behalten Sie Ihre Festigkeit des Händedrucks bei. Kennen Sie Ihr Gegenüber gut, weisen Sie ihn höflich auf seinen schwachen Händedruck hin, aber nur wenn Sie unter sich sind. Bei Fremden behalten Sie den Kommentar für sich.

Übung 6: Beobachten Sie an einem normalen Geschäftstag, wann und in welchen Situationen sich Personen grüßen, und notieren Sie diese.
Grundsätzlich grüßt jeder, der einen Raum betritt, zuerst. Bei einem Tagesablauf könnte das so aussehen:

Sie steigen morgens ins Taxi, Flugzeug und Bahn ein und grüßen Ihren Sitznachbarn. Sie erreichen das Büro und begrüßen die Empfangsdame und Kollegen, die Sie auf dem Gang treffen. Nehmen Sie den Fahrstuhl in den dritten Stock begrüßen Sie auch Personen, die bereits vor Ihnen im Fahrstuhl sind, sowie die, die mit Ihnen zusammen warten. Kollegen betreten Ihr Büro und begrüßen Sie, bevor Sie mit Ihnen ins Gespräch kommen. Beim Mittagessen in der Kantine begrüßen Sie Kollegen. Gehen Sie in der Mittagspause zum Arzt, treffen Sie im Wartezimmer auf Personen, die Sie ebenfalls grüßen. Und am Abend zur Entspannung nach dem Sport genehmigen Sie sich vielleicht einen Saunagang und sollten auch hier die Anwesenden freundlich Grüßen.

Übung 7: Stehen Sie als Vorgesetzter immer zur persönlichen Begrüßung auf, wenn Mitarbeiter Ihr Büro betreten?
Als höflicher Mensch – egal ob Mann oder Frau – sollte man zur Begrüßung aufstehen, um den eingetretenen Gästen ein positives Gefühl zu vermitteln. Erheben Sie sich von Ihrem Schreibtisch und begrüßen Sie möglichst davor, denn Ihr Schreibtisch wirkt wie eine Barriere auf Ihre Gäste und Mitarbeiter.

Übung 8: Sie kommen in einen Meetingraum, in dem bereits einige Personen stehen. Wie begrüßen Sie eine Gruppe, die Sie noch nicht kennen?
Sie begrüßen die ranghöchste Person zuerst. Sollte nicht erkenntlich sein, wer das ist, gehen Sie der Reihe nach vor. Nennen Sie jeder einzelnen Person Ihren Namen. Denken Sie auch daran: Haben Sie einer Person die Hand gegeben, geben Sie bitte auch allen anderen die Hand.

Übung 9: Wie stelle ich mich in einer Runde am besten vor?
Nennen Sie jeder einzelnen Person Ihren Namen. Nehmen Sie nicht an, dass alle anderen diesen schon mitbekommen haben, als Sie ihn der ersten Person genannt haben. Schwierige Namen wiederholen Sie am besten: »Mein Name ist Treschniewsky, Paul Treschniewsky.«

Übung 10: Wem gebe ich in einer Gruppe die Hand und wem nicht?
Haben Sie einer Person in der Runde die Hand gegeben, geben Sie auch allen anderen die Hand. Grundsätzlich sollten Sie eine Ihnen entgegengebrachte Hand annehmen.

Übung 11: Wann übergeben Sie Ihre Visitenkarte bei einem Business-Termin?
Geben Sie als Gast Ihre Karte zuerst, erst danach ist die gastgebende Person dran. Blicken Sie sich beim Überreichen der Karten gegenseitig an. Das Überreichen der Karte geschieht im Besprechungsraum, bevor das Meeting beginnt. Tauschen Sie die Karten möglichst im Stehen aus und schieben Sie sie nicht über den Tisch.

Übung 12: Was machen Sie mit der gerade erhaltenen Visitenkarte eines Geschäftspartners?
Lesen Sie die Karte. Achten Sie auch auf eventuell vorhandene Titel, die in der mündlichen Vorstellung nicht erwähnt wurden.

Übung 13: Wer erhält Ihre Visitenkarte in einer Gruppe von mehreren Geschäftspartnern zuerst?
In Gruppen erhält zuerst die oder der Ranghöchste die Visitenkarte. Ist eine Hierarchie nicht erkennbar, verteilen Sie die Visitenkarten der Reihe nach.

Übung 14: Wie stellen Sie sich bei einem Kundentermin der Dame am Empfang vor?
Machen Sie einen Geschäftsbesuch, geben Sie am besten Ihre Visitenkarten zunächst am Empfang ab. Das vereinfacht die Anmeldung und das Ausfüllen von Besucherausweisen. Nach diesem Prozedere bekommen Sie die Karte zurück. Sie können sie später der Person geben, die Sie abholt.

Übung 15: Sie stehen mit einem Kunden im Flur und Ihr Geschäftsführer kommt vorbei. Wer wird wem vorgestellt?
Nachdem Sie sich gegenseitig verbal begrüßt haben, wenden Sie sich an den Kunden und sagen: »Herr Lindemann, darf ich Ihnen unseren Geschäftsführer vorstellen? Das ist Herr Meier.« Zum Geschäftsführer gewandt stellen Sie nun Ihren Kunden vor: »Herr Meier, dies ist unser bester Kunde, Herr Lindemann.«

Übung 16: Sind Titel noch zeitgemäß? Wie spreche ich mein Gegenüber korrekt an?
Einige Menschen haben vor ihrem Namen einen Titel, den Sie gerne tragen und auch gerne hören. Sprechen Sie Ihr Gegenüber mit Herr/Frau Dr. Müller an.

Sprechen Sie auch Doppelnamen immer voll aus.

Bei der Nennung von akademischen Graden nennen Sie nur den höchsten Grad, z. B. »Guten Abend, Herr Professor Müller ...«

Auch Adelstitel gehören zum Namen und dürfen bei der Anrede nicht vergessen werden. Sagen Sie aber nicht: »Guten Abend, Herr Baron Münchhausen«, sondern verzichten Sie hier auf das »Herr«. So stellen Sie sich gesellschaftlich auf dieselbe Stufe. Nur Diener und Untergebene sprechen Ihre Vorgesetzten mit »Herr Baron« oder »Frau Gräfin« an. Akademische Grade und Adelstitel können Sie erst dann weglassen, wenn Sie Ihnen erlassen werden.

Übung 17: Sie sind im Meeting mit Kunden und Ihrer Kollegin. Wie sprechen Sie Ihre Kollegin, die Sie normalerweise duzen, vor Kunden an?
Sobald Sie über Ihre Kollegin sprechen, benutzen Sie ihren Nachnamen, z. B. »Frau Baumann hat uns eine Powerpoint-Präsentation über die europäische Marktentwicklung der letzten fünf Jahre erstellt.«

Sprechen Sie Ihre Kollegin direkt an, können Sie sie im Beisein von Kunden duzen.

»Michaela, kannst du uns deine Ausführungen bitte präsentieren?«

Sagen Sie aber bitte nicht: »Frau Müller, kannst du uns die Präsentation halten?«

Übung 18: Sie stehen mit Ihrem Chef und einer Kollegin vor dem Fahrstuhl. Wer geht zuerst hinein?
Der Chef bekommt den Vortritt. Nur er kann entscheiden, ob er nicht z. B. der Dame den Vortritt lassen möchte. Dieses wird er dann mit einer Geste oder einem Spruch, wie z. B.: »Ladies first«, deutlich machen.

Ist der Fahrstuhl groß genug, wird der Chef auch als Erster den Fahrstuhl wieder verlassen. Bei kleinen Fahrstühlen verzichten Sie auf diese Regel.

Übung 19: Welche Signale sind ausschlaggebend für den ersten Eindruck?
Das Bild, das Sie abgeben. Dazu gehören:

- Ihr Äußeres Erscheinungsbild, das sich z. B. über Kleidung und Frisur ausdrückt.
- Ihre Mimik, Gestik und Körperhaltung.
- Die Worte, die Sie sprechen.
- Geschwindigkeit und Lautstärke beim Sprechen.
- Der Duft, den der Körper ausstrahlt.
- Ihr Aftershave oder Parfum, das Sie tragen.

- Die Haut.
- Ihre Hände (gepflegt, feucht oder trocken, warm oder kalt).

Übung 20: Sie sitzen mit Ihrem Chef und einem Kunden im Meetingraum. Ihre Assistentin bringt den Kaffee. Wer wird zuerst bedient?
Der Gast. Er ist in dieser Runde die wichtigste Person. Hier ist es nicht angebracht, die hierarchische Rangfolge einzuhalten. Zuerst erhält der Gast seinen Kaffee, anschließend der Chef und dann erst Sie. Kommunizieren Sie diese Regel ruhig Ihrer Sekretärin – vor dem nächsten Kundenbesuch.

Übung 21: Sie suchen eine wichtige Akte und schauen auf dem Schreibtisch Ihrer kurz abwesenden Kollegin nach. Ist das der richtige Stil?
Im Umgang mit anderen Menschen gibt es Distanzzonen, die man als höflicher Kollege auch im Job einhalten sollte. Sobald Sie ohne Erlaubnis auf dem Schreibtisch einer Kollegin herumwühlen, Ihre Tasche dort abstellen oder ihr über die Schulter auf den Bildschirm deuten, überschreiten Sie eindeutig die Grenzen.

Übung 22: Wie ist die perfekte Sitzhaltung als Mann im Geschäftsleben?
Am besten stehen die Beine fest auf dem Boden nebeneinander. So haben Sie Bodenkontakt und strahlen Sicherheit aus. Die Beine sollten nicht lässig übereinander geschlagen werden, so dass Ihr Knie über der Tischkante herausschaut.

Übung 23: Sie sind in einer Besprechung und schauen ständig auf Ihre Uhr, da Sie Ihr Flugzeug noch erreichen wollen. Wie verhält man sich stilgerecht?
Sollten Sie ein Flugzeug erreichen müssen, sagen Sie es zu Beginn des Meetings. Jetzt wird Ihnen jeder verzeihen, dass Sie ab und zu auf die Uhr schauen.

Übung 24: Sie treffen am Samstag Ihren Vorgesetzten in der Stadt beim Einkaufen. Worüber unterhalten Sie sich?
Natürlich grüßen Sie ihn zunächst freundlich und warten ab, ob er stehen bleibt und ein Gespräch mit Ihnen beginnt. Beachten Sie in dieser Situation die Privatsphäre Ihres Vorgesetzten und führen Sie auf keinen Fall ein Gespräch über Geschäftsangelegenheiten mit ihm. Sprechen Sie über das Wetter, das neue Café um die Ecke oder die schwierige Parkplatzsituation in der Innenstadt.

Übung 25: Über welche Themen plaudern Sie bei Flurgesprächen im Büro? Oder mit Kollegen im Lift?
Privates ist nicht grundsätzlich tabu. Reden Sie ruhig über sich und gestalten Sie so Ihr Image. Erzählen Sie, dass Sie am Wochenende im Kino waren oder welchen Sport Sie treiben. So stillen Sie die Neugier der Kollegen und machen sich sympathisch. Wie weit Sie dabei gehen, entscheiden Sie selbst. Es ist aber nicht zu empfehlen, die problematischen oder intimen Dinge Ihres Privatlebens zum Gegenstand der Plauderei zu machen.

Übung 26: Über welche Themen sollten Sie beim Small Talk nicht sprechen?
Vermeiden Sie im Small Talk polarisierende Themen, wie z. B. Politik oder Religion. Sie möchten im Small Talk einen gelungenen »Plausch« führen, dies setzt einen freundlichen und respektvollen Umgang miteinander voraus.

Sprechen Sie nie negativ über dritte Personen. Verzichten Sie auf Urteile, wie z. B. »Weine unter fünf Euro kann man nicht trinken.« Damit kann Ihr Gesprächspartner wenig anfangen. Weitere Tabuthemen sind: Geld, Krankheiten, verletzende Themen (dick/alt), Sex, Partnerschaftsprobleme, derbe Witze, hemmungslose Selbstdarstellung usw.

Übung 27: Sie haben bereits zehn Minuten mit einem Gast auf einer Vernissage geplaudert, möchte aber langsam den Gesprächspartner wechseln. Wie kommen Sie galant aus der Situation?

- Sie sagen, wie es ist: »Es hat mich gefreut, Sie kennenzulernen. Ich würde gerne noch die Runde machen und schauen, wer noch so da ist – wir sehen uns bestimmt noch.« Und verabschieden sich freundlich.
- Oder Sie reichen den Partner weiter, nach dem Motto »Darf ich vorstellen, meine Kollegin Frau Huber. Sie ist übrigens auch begeisterte Klavierspielerin, genau wie Sie …«
- Eine weitere Möglichkeit, den Gesprächspartner zu wechseln, besteht darin, gemeinsam zur Bar oder zum Buffet zu gehen. Auf dem Weg dorthin ergibt sich sicher ein neues Gespräch mit einem anderen Gast.
- Sollten Sie Interesse haben, mit Ihrem gerade kennengelernten Gesprächspartner in Kontakt zu bleiben, tauschen Sie Ihre Visitenkarte aus.

Übung 28: Wie schreiben Sie den Präsidenten des Gewerbeverbandes korrekt an?
In der modernen Korrespondenz verzichtet man auf die Zusätze »An den …« oder »An die Firma …«. Somit schreiben Sie:

Präsident des Gewerbeverbandes
Herrn Max Meister
Straße
PLZ Ort

Übung 29: Ist »Herrn und Frau Peter Fischer« in Deutschland noch eine gängige Variante, wenn man ein Ehepaar anschreiben möchte?
Man schreibt jeden einzeln an: »Herrn Peter und Frau Ingrid Fischer« oder »Herrn Peter Fischer und Frau Ingrid Fischer«.

Übung 30: Wird in der Anrede im Brief »Dr.« abgekürzt, »Professor« aber ausgeschrieben?
»Doktor« wird seit einigen Jahren abgekürzt. Der Titel »Professor« wird in der Anrede immer ausgeschrieben.

Übung 31: E-Mails dienen der schnellen Kommunikation zwischen Kollegen oder Geschäftspartnern. Auf was muss man mit Blick auf den Stil achten?
Auch wenn wir im Zeitalter der schnellen Kommunikation leben, wird es weiterhin Bereiche mit schriftlichen Kundenkontakten geben – per Brief oder E-Mail. Da jeder schriftliche Kontakt »archiviert« werden kann, ist es besonders wichtig, aus jeder Art von »Postausgang« eine vorzeigbare Visitenkarte des Unternehmens zu machen. Verzichten Sie deshalb auf die in der Internet-Sprache üblichen Abkürzungen oder Schreibweisen. Diese haben in geschäftlichen E-Mails nichts zu suchen. Die Betreffzeile sollte immer mit einer kurzen Inhaltsangabe ausgefüllt sein. Achten Sie auf die richtige Anrede und beenden Sie die E-Mail nie ohne formelle Verabschiedung. Bilden Sie Absätze, damit man den Text leichter lesen kann. Fassen Sie sich kurz und beschränken Sie sich auf das Wesentliche. Versuchen Sie Tipp- und Rechtschreibfehler zu vermeiden. Eine von Fehlern strotzende Mail ist nicht lässig, sondern unhöflich.

Übung 32: Wie beschleunigt man die E-Mail-Korrespondenz?
E-Mail-Korrespondenz kann man beschleunigen, indem man deutlich formuliert, was der Empfänger tun soll, warum, in welcher Form und bis wann.

Übung 33: Wie viele Ansprechpartner schreiben Sie in die »An«-Zeile (Adresszeile), wenn Sie eine Rundmail versenden?
In geschäftlichen Mails werden alle Adressaten, die Ihre E-Mail direkt betrifft, in der Adresszeile eingefügt. Diejenigen, die nur informiert werden sollen, werden in die CC-Zeile kopiert. Schreiben Sie eine Rundmail, sollten Sie Ihre eigene Adresse in die Adresszeile eingeben und alle anderen Empfänger auf BCC setzten. So kann keiner sehen, an wen diese E-Mail noch gegangen ist. Sie müssen nicht unbedingt damit beeindrucken, wen Sie alles kennen.

Übung 34: Ohne Handys geht nichts mehr. Doch wann ist der Gebrauch des Smartphones wirklich nicht angebracht?
Jeder Handybesitzer sollte überlegen, wo der Gebrauch eines Mobiltelefons »ungefährlich« ist. Es geht darum, andere nicht zu belästigen, unhöflich oder gar rücksichtslos zu sein. »Handy aus!«, heißt es in:

- Theater, Kino
- Museum
- Vortrag oder Festakt
- Wartezimmer beim Arzt
- Restaurant
- Geschäftsbesprechungen, Konferenzen, Meetings
- Kundengespräche
- Vorstellungsgespräche
- Beerdigung/Kirche
- Krankenhausbesuche

Achten Sie auf Verbotsschilder.

Übung 35: Sie sind mitten im Gespräch und haben vergessen, Ihr Handy auszustellen. Drücken Sie das ankommende Gespräch jetzt einfach weg?
Entschuldigen Sie sich bei Ihrem Gesprächspartner dafür, dass Sie das Handy nicht ausgeschaltet haben. Bitten Sie aber um Erlaubnis, das Gespräch annehmen zu dürfen, um den Anrufer nicht wegzudrücken.

Ein »Wegdrücken« bekommt der Anrufer ganz klar mit und es zeugt nicht gerade von Höflichkeit. Sobald Sie das Gespräch annehmen, erklären Sie dem Anrufer, dass Sie gerade im Gespräch sind und bieten Sie einen Rückruf an. Nach dem Auflegen sollten Sie das Handy ausschalten.

Übung 36: Wie ist die korrekte Begrüßung am Telefon, wenn Sie jemanden anrufen?
Nennen Sie nach dem Tagesgruß Ihr Unternehmen, Vornamen und Namen. Sprechen Sie den Angerufenen gleich mit seinem Namen an und nennen Sie den Grund Ihres Anrufs.

Übung 37: Sie verlassen nach positiven Verhandlungen mit Ihrem Kunden das Meeting. Was zeichnet jetzt einen stilvollen Verhandler aus?
Zunächst sollten Sie sich per E-Mail bei Ihrem Kunden für das Gespräch bedanken. Einen guten Eindruck hinterlassen Sie auch, wenn Sie ein Protokoll über das Meeting anfertigen und dieses an den Kunden versenden. Im Protokoll werden die Ergebnisse einer Besprechung festgehalten. Es erleichtert die Erfolgskontrolle und kann darüber hinaus wichtige Impulse für das nächste Meeting liefern.

Übung 38: Welche Punkte sollten Sie berücksichtigen, wenn Sie ein Meeting vorbereiten?

Wer und wie viele Teilnehmer sollen an dem Meeting teilnehmen? Formulieren Sie Meeting-Ziele und erstellen Sie eine Agenda. Denken Sie auch an die logistischen und technischen Vorbereitungen.

Übung 39: Welche Vorbereitungen sollten Sie bei einem Interview treffen?

- Vereinbaren Sie ein Vorgespräch mit dem Journalisten.
- Fordern Sie einen Fragenkatalog an und senden Sie dem Journalisten Ihre Antworten zu.
- Geben Sie dem Journalisten Informationsmaterial oder eine Zusammenfassung der wichtigsten Fakten über Ihre Firma.
- Klären Sie, wie das Interview ablaufen wird.

Übung 40: Was sollten Sie auf einer Pressekonferenz auf jeden Fall beachten?

Kommen Sie eine halbe Stunde vor Beginn, um mit einigen Journalisten einen Small Talk zu führen. Achten Sie auf Ihre Kleidung. Sie repräsentieren Ihr Unternehmen und dokumentieren das Image der Firma. Als Einladender verlassen Sie die Pressekonferenz erst, wenn die Pressevertreter gegangen sind.

Übung 41: Sommer, Sonne. Ein Kundentreffen steht an. Was trägt der stilvolle Mann in Deutschland?

Auch im Sommer gilt: Die Ärmel des Jacketts werden nicht hochgekrempelt, kurzärmelige Hemden gehören nicht zum Business-Outfit. Sandalen oder Slipper im Business sind tabu. Achten Sie auf die richtige Sockenlänge, auch im Sommer darf die Wade nicht zu sehen sein. Im Sommer empfiehlt sich ein Jackett aus leichten Materialien, die nicht aus Baumwolle sind. Hochwertige Herrenausstatter haben Anzüge im Programm, die beispielsweise nur teilweise gefüttert sind. Lassen Sie sich von Profis beraten.

Übung 42: 30 Grad im Meetingraum. Wann ziehen Sie Ihr Jackett aus?

Jackett ablegen geht bei Geschäftsterminen nur, wenn der Ranghöchste der Runde seine Zustimmung dazu gibt. Dies gilt für den Meetingraum ebenso wie für das Restaurant. Aufmerksame Gastgeber befreien Sie jedoch recht schnell von Ihrer warmen Last.

Übung 43: Das neue Business-Hemd wurde erste einige Male gewaschen, aber die Kragenecken sind schon abgewetzt. Was machen Sie mit dem Hemd?

Der beste Anzug verliert seine Wirkung, wenn Sie ein Hemd mit abgestoßenen Ecken oder Manschetten dazu tragen. Um keinen schlechten Eindruck zu hinterlassen, sollten Sie das Hemd schnellstens aussortieren und ersetzen.

Übung 44: Durch Ihre Kleidung kommunizieren Sie mit Ihren Mitmenschen. Wie könnte Ihr Vorgesetzter einen unangemessenen Kleidungsstil interpretieren?

Ihr Vorgesetzter könnte von einem unangemessenen Kleidungsstil oder nachlässiger Kleidungspflege auf Defizite im Umgang mit anderen Menschen schließen. Egal ob Sie sich Ihrer Fehler bewusst sind oder nicht, Sie senden Signale wie Missachtung und Desinteresse an Ihr Umfeld. Entscheidend ist immer die Ansicht des Betrachters, nicht Ihre. Sie sehen also, unpassende Kleidung kann schnell zum Karriere-Killer werden.

Übung 45: Dürfen Sie selbst den Wein nachschenken?

Normalerweise ist es die Aufgabe des Obers, den Wein nachzuschenken. Wenn er seiner Pflicht nicht von selbst nachkommt, genügt in der Regel ein kleiner, unauffälliger Wink. Nur bei äußerst unaufmerksamem Personal dürfen Sie zur Selbsthilfe greifen. Schließlich kann niemand von Ihnen verlangen, beim Essen auf den Genussfaktor zu verzichten. Dennoch ist die Selbstbedienung bei Tisch bestenfalls eine Notlösung. Sie signalisiert dem Personal ganz deutlich: Ihr macht euren Job nicht gut! Wenn Sie zum Essen eingeladen sind, dürfen Sie auf keinen Fall aktiv werden. Dann obliegt es einzig dem Gastgeber, den Ober durch Gesten auf seine Pflicht hinzuweisen. Der Einladende muss auch entscheiden, ob er zur Notlösung der Selbstbedienung greift.

Übung 46: Wie eröffnet man ein offizielles Geschäftsessen?

Auf jeden Fall nicht mit den Worten »Guten Appetit«. Als Gastgeber oder Gastgeberin greift man einfach zum Besteck. Natürlich können Sie auch Ihr Glas erheben und z.B. »einen schönen gemeinsamen Abend« wünschen.

Übung 47: Wie ist die richtige Redner-Reihenfolge bei Firmenveranstaltungen?

Hier gilt die Regel, dass die ranghöchste Person Vorrang erhält, nicht zwingend. Man kann die Grußreden mit dem Ranghöchsten beginnen oder aber auch enden lassen, um eine Spannung aufzubauen. Die Reihenfolge der Redner sollte sich also an den individuellen Gegebenheiten orientieren, es gibt keine feste Regel. Der Gastgeber sollte aber auf jeden Fall die ersten begrüßenden Worte sprechen

Übung 48: Sie haben Kunden zum Geschäftsessen eingeladen. Nach dem Essen werden Sie die Rechnung begleichen. Wo ist hierfür der geeignetste Platz?

Die Begleichung der Rechnung können Sie in Zeiten der Kreditkarte am Tisch erledigen. Es ist jedoch angenehmer, zum Bezahlen der Rechnung hinauszugehen, um eventuell Posten zu prüfen oder Trinkgeld zu geben. Bei Barzahlung kann so Ihr Gast auch nicht mitzählen, was Sie zu zahlen haben.

Übung 49: Erstellen Sie die Tischordnung Ihrer Firmenveranstaltung, zu der die folgenden 40 Personen zugesagt haben:

- Vorstand Ihrer Firma mit Partnerin (2 Pers.)
- englischsprachiger Ehrengast mit Partnerin (2 Pers.)
- Vertriebsmitarbeiterin ohne Partner (1 Pers.)
- 5 Vertriebsmitarbeiter ohne Partnerin (5 Pers.)
- 2 Mitarbeiterinnen Marketing ohne Partner (2 Pers.)
- 4 leitende Mitarbeiter mit Partnerin (8 Pers.)
- 10 Kunden mit Partnerinnen (20 Pers.), die von den Vertriebsmitarbeitern benannt wurden.

Welche Tischanordnung wählen Sie?

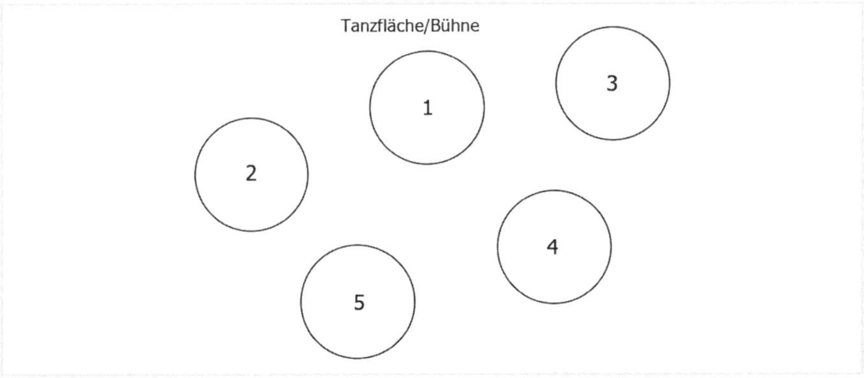

Die kommunikativste Tischwahl sind fünf Achter-Tische. Der erste Tisch ist der Ehrentisch, um den herum die anderen vier Tische arrangiert werden. Die Besetzung der Tische ist wie folgt:

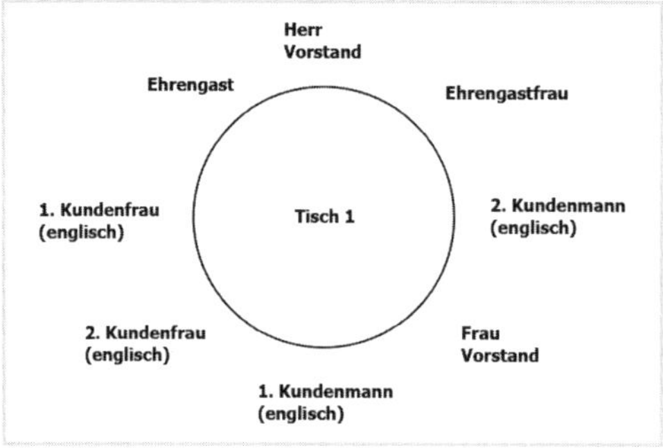

Tisch 1

Vorstand und Frau (1, 2)
Ehrengast und Frau (3, 4)
1. Kunde mit Frau (5, 6)
2. Kunde mit Frau (7, 8)

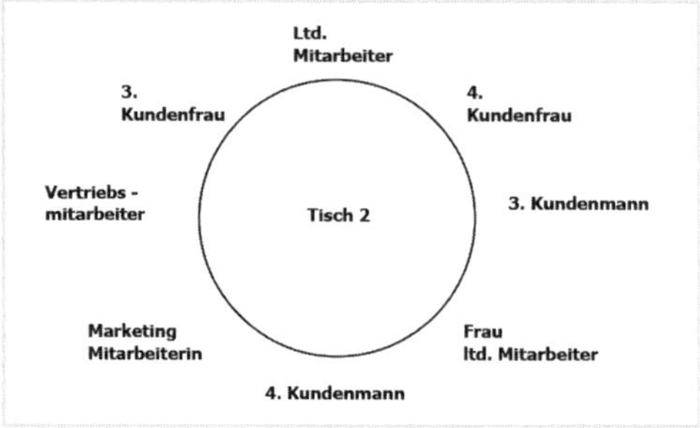

Tisch 2

1. Ltd. Mitarbeiter mit Frau (1, 2)
3. Kunde mit Frau (3, 4)
4. Kunde mit Frau (5, 6)
1. Vertriebsmitarbeiter (7)
1. Mitarbeiterin Marketing (8)

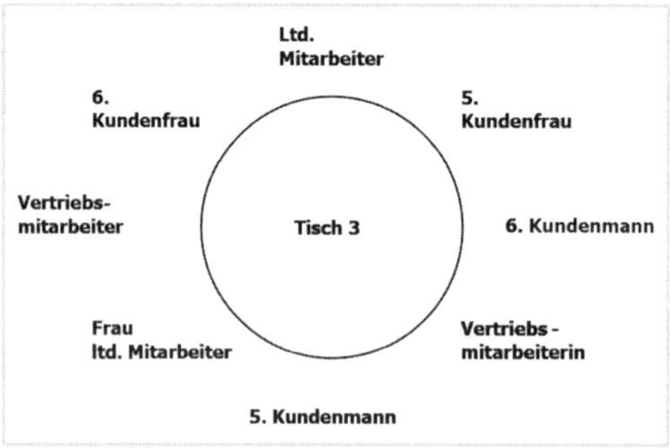

Tisch 3

2. Ltd. Mitarbeiter mit Frau (1, 2)
5. Kunde mit Frau (3, 4)
6. Kunde mit Frau (5, 6)
2. Vertriebsmitarbeiter (7)
1. Vertriebsmitarbeiterin (8)

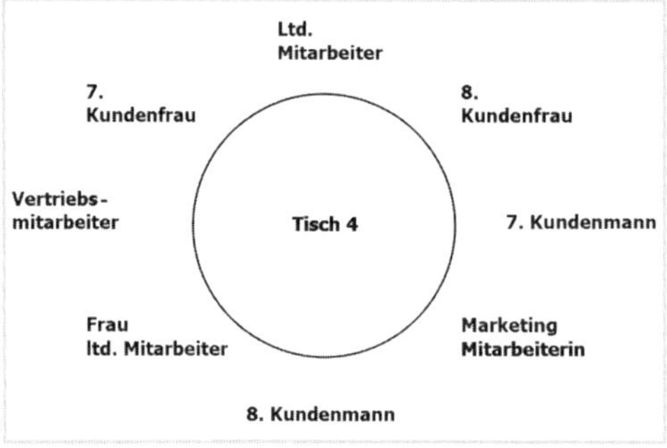

Tisch 4

3. Ltd. Mitarbeiter mit Frau (1, 2)
7. Kunde mit Frau (3, 4)
8. Kunde mit Frau (5, 6)
3. Vertriebsmitarbeiter (7)
2. Mitarbeiterin Marketing (8)

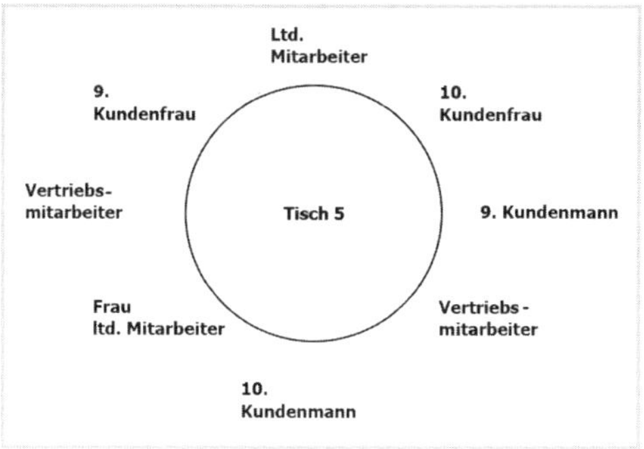

Tisch 5

(Da Tisch 5 der »unwichtigste« Tisch ist, ist dies der Tisch mit der fehlenden Frau, so dass zwei Männer nebeneinander sitzen werden.)

4. Ltd. Mitarbeiter mit Frau (1, 2)
9. Kunde mit Frau (3, 4)
10. Kunde mit Frau (5, 6)
4. Vertriebsmitarbeiter (7)
5. Vertriebsmitarbeiter (8)

Übung 50: Was machen Sie mit Ihrem Aperitif-Glas, wenn Sie es noch nicht leer getrunken haben, aber zum Essen gebeten werden?
Grundsätzlich: Tragen Sie keine Gläser durch das Restaurant.

Es gibt drei Situationen, in denen der Aperitif gereicht wird.

1. Ihr Tisch ist noch nicht fertig eingedeckt und Sie warten an der Bar. Sobald Sie zum Tisch gebeten werden, lassen Sie das Glas an der Bar stehen und folgen dem Kellner zum Tisch. Ihr nicht ausgetrunkenes Aperitif-Glas sollte der Kellner Ihnen anschließend an Ihren Tisch bringen. Tut er es nicht, bitten Sie ihn darum.
2. Sie stehen in größerer Runde, z.B. nach einem Seminar an der Bar und stoßen gemeinsam auf die Zusammenarbeit an. Sollten Sie noch einen Schluck im Glas haben, wenn es zum Essen geht, lassen Sie das Glas stehen. Es wird Ihnen aber nicht wie im vorherigen Fall an den Tisch gebracht.
3. Sie entscheiden sich am Tisch für einen Aperitif. Hierbei bleibt das Glas so lange auf Ihrem Platz stehen, bis Sie es ausgetrunken haben oder Sie den Kellner bitten, es abzuräumen. Möchten Sie also mit dem Wein beginnen, lassen Sie das Glas abräumen, falls es nicht ausgetrunken ist.

Übung 51: Austern werden geschlürft, Spareribs mit den Fingern gegessen, Kartoffeln darf man wieder schneiden – aber wie um Himmels willen isst man Scampi mit Messer und Gabel?
Sie halten das Tier mit der Gabel fest und trennen erst den Kopf mit dem Messer ab. Jetzt heben Sie den Panzer seitlich mit dem Messer weg und können

das Fleisch herauslösen. Meistens geht dabei gleich die Schwanzflosse mit ab. Sollte diese etwas hartnäckig sein, stechen Sie mit der Gabel in das Fleisch und drücken die Messerspitze auf den äußersten Rand der Schwanzflosse. So löst sich auch das letzte Fleisch aus der Flosse. Sollte dies nicht funktionieren, schneiden Sie die Flosse einfach ab. Die Möglichkeit, die kleinen Biester mit der Hand zu puhlen, ist nur erlaubt, wenn auf dem Tisch eine Fingerschale bereitgestellt ist.

Bei Hummer gibt es übrigens einen Trick, um das Hantieren mit Hummerzange und Hummergabel zu umgehen: Man bestellt das Tier bereits ausgelöst oder lässt dies vom Ober tun.

Übung 52: Sollten Sie Ihr Verhalten bei Tisch konsequent dem Gastland anpassen? Zum Beispiel die Essgewohnheiten der US-Amerikaner oder der Asiaten übernehmen?
Wer in Deutschland stilsicher ist, wird überall gut zurechtkommen. Grundzüge der fremden Tisch- und Esskultur zu kennen ist allerdings von Vorteil. Sie müssen nicht perfekt mit Stäbchen umgehen können und dürfen selbstverständlich nach Besteck fragen, damit Sie nicht verhungern.

Übung 53: Zu jedem Essen gibt es Brot. Aber wie isst man Ciabatta oder Baguette richtig?
Sie brechen ein mundgerechtes Stück ab, dieses wird mit Butter bestrichen und in den Mund geschoben. Eine Toastscheibe, eine Scheibe Brioche oder ein dünnes Scheibchen Schwarzbrot bestreichen Sie ganz oder halbiert mit Butter und beißen dann ab. Aber denken Sie immer daran: Brot ist keine Vorspeise. Ein Bruschetta (Weißbrot mit Öl und Tomaten) wird oft in die Mitte des Tisches gestellt. Nehmen Sie sich eines mit der Hand und lagern es auf Ihrem Brotteller zwischen. Jetzt können Sie Stück für Stück abbeißen.

Übung 54: Die Schlacht am kalten Buffet ist sprichwörtlich – hier kann man wirklich korrekte Umgangsformen zeigen. Muss man die einzelnen Gerichte in einer bestimmten Reihenfolge zu sich nehmen?
Ja, und zwar entsprechend der Reihenfolge der Gänge in einem Menü: Vorspeise, Suppe, Zwischengericht, Hauptgang, Käse, Dessert. Dabei nimmt man stets übersichtliche Mengen. Warmes und Kaltes werden genauso wenig gemischt wie Süßes und Salziges oder Fisch- und Fleischhaltiges. Sie benutzen immer einen neuen Teller, wenn Sie zum Buffet gehen. Der alte Teller sollte nach Ihrer Rückkehr zum Tisch inzwischen abgeräumt sein. Gleiches gilt auch für das Besteck.

Übung 55: Wie fassen Sie ein Weinglas an?
Immer am Stiel. Sie halten den Kelch von Fingerabdrücken frei und Sie verändern nicht die Temperatur des Weines.

Übung 56: Wie sagen Sie die Einladung zu einem Firmenjubiläum stilvoll ab?
Grundsätzlich gilt: Egal ob Sie zu- oder absagen möchten, antworten Sie auf die gleiche Weise, wie die Einladung erfolgte. Haben Sie also eine schriftliche Einladung erhalten, müssen Sie auch schriftlich zu- oder absagen. Halten Sie sich auch an die vorgegebene Antwortfrist, denn Sie kennen die Probleme eines Organisators sicher. Bei einer Absage sollten Sie den Grund der Absage angeben und Ihr Bedauern ausdrücken. Mit ein paar netten (handschriftlichen) Worten machen Sie den Brief noch persönlicher. Sollten Sie aus zeitlichen Gründen doch per Telefon absagen, schicken Sie einen Brief mit den Glückwünschen hinterher.

Übung 57: Zu welchen geschäftlichen Anlässen sind Gastgeschenke üblich?
Die häufigsten Anlässe für Gastgeschenke im beruflichen Umfeld sind Geschäftsbesuche, Einladungen zum Essen sowie Konferenzen und Events. Als Gastgeschenke bezeichnet man zum einen Geschenke, die Sie als Gast mitbringen, als auch Geschenke, die vom Gastgeber als Erinnerung an die Gäste übergeben werden. Bei der Auswahl des Geschenks sollte die Beziehung zum Beschenkten, die Position und die persönlichen Interessen berücksichtigt werden. Die Präsente sollten nicht zu groß ausfallen, damit sie nicht als Verpflichtung empfunden werden. Verzichten Sie auch auf Präsente mit Werbeaufdruck. Als gute Gedankenstütze bietet sich das Führen einer Geschenke- und Interessendatei an, damit Sie den Überblick behalten. Gastgeschenke müssen nicht persönlich überreicht werden. Bleiben Ihre Gäste beispielsweise bei einem Event über Nacht, können Sie als Gastgeber die Präsente in das Hotelzimmer legen lassen. Vergessen Sie dabei nicht, eine Visitenkarte mit einem persönlichen Gruß beizulegen.

Übung 58: Wann sollten Sie sich von einer Veranstaltung/Einladung verabschieden?
Pünktlichkeit ist nicht nur beim Kommen, sondern auch beim Gehen wichtig. Es gilt als unhöflich, länger als bis zu einer angegebenen Zeit zu bleiben. Beispiel: »Wir laden ein zum Empfang von 11:00 – 13:30.«

Bei einer Einladung zum Tee sollten Sie spätestens vor dem Abendessen Ihren Heimweg antreten. Sollten keine Zeiten angegeben sein, erkennen Sie z.B bei einem Abendessen den Zeitpunkt des Gehens daran, dass Ihr Gastgeber längere Zeit nach dem Essen eventuell einen »zweiten« Espresso anbietet.

Spätestens jetzt wissen Sie, dass die Zeit für die Verabschiedung gekommen ist.

Gehen Sie aber auch nicht zu früh, um nicht das Gefühl zu vermitteln, Sie seien nur zum Essen gekommen und an der Gesellschaft läge Ihnen nichts.

Übung 59: Was bedeuten die Abkürzungen c.t. und s.t. auf Einladungen?
c.t. steht für cum tempore (lat.) und bedeutet »mit Zeit«. Es bedeutet, dass eine Verspätung von 15 Minuten möglich ist. s.t. steht für sine tempore (lat.) und heißt »ohne Zeit«. Auf Pünktlichkeit wird Wert gelegt und Sie sollen zum angegebenen Zeitpunkt die Plätze einnehmen.

Glossar

Adelstitel
gehören zum Namen und müssen mitgenannt werden. Man sagt nicht »Herr Graf« oder »Herr Baron«, sondern: »Guten Tag, Graf ...«. Titel erst weglassen, wenn er erlassen wird.

Agenda
ist der rote Faden jeden Meetings. Sie beinhaltet wer, wann, warum, wie lange und zu welchen Themen zu einem Meeting geladen werden. Die Agenda sollte mindestens eine Woche vor der Veranstaltung versendet werden, so dass Teilnehmer Änderungen oder Vorschläge einbringen können.

Akademische Grade
sind ausschließlich die Titel »Doktor« und »Professor«. Es wird immer nur der höchste Titel genannt. Beispiel: »Guten Tag Herr Professor Lüdenscheidt« also nicht »Herr Professor Dr. Lüdenscheidt«.

Amts- und Mandatsträger im Schriftverkehr
Wenn die Amtsbezeichnung einer Person bekannt ist, wird diese in der Brief-Anschrift auch eingesetzt. Die Aktualität der Funktion sollte aber beachtet werden. »Herrn Dr. Holger Mann Vorsitzender des Verbands der Metallindustrie«

Anhang einer E-Mail
Eine kurze Erklärung, was der Empfänger einer E-Mail im Anhang findet, sollte im E-Mail-Text enthalten sein. Das spart Zeit für den Empfänger und erleichtert das Bearbeiten.

Anrufbeantworter
Der Ansagetext sollte persönlich aufgesprochen sein. Trifft man bei einem Anruf auf einem Anrufbeantworter, sollte auf diesem auch eine Nachricht hinterlassen werden. Hierzu gehören: Name, (Firma), Grund des Anrufs und Rufnummer unter der man erreicht werden kann.

Anschrift von Adligen
Adlige ohne Adelsbezeichnung werden mit: Herrn/Frau von Münchhausen angeschrieben. Adlige mit Adelsbezeichnung werden wie folgt angeschrieben: Vorname, Adelsbezeichnung, Familienname: »Mathilde Gräfin von und zu Hohenadel«.

Anschriften bei Firmen
Das Wort »Firma« fällt heutzutage weg.

Anstandsrest
Im Gegensatz zur alten Regel, bei der es Pflicht war einen kleinen Rest auf dem Teller zu lassen, sehen die modernen Umgangsformen dies nicht mehr vor. Allerdings ist es auch weiterhin tabu, den letzten Soßenrest mit dem Brot aufzunehmen.

Aperitif
Vor dem Essen steht oft der Aperitif. Er dient dazu, den Gaumen anzuregen. Hierzu wird ein leicht alkoholisches Getränk gereicht. Typische Aperitife sind: Prosecco, Champagner, Cocktails, Sherry oder die antialkoholische Variante »frisch gepresster Orangensaft«. Es kann auch ein kleines Bier bestellt werden. Der Kenner bestellt dann aber anstatt des Aperitifs ein Bier.

Aufstehen im Flugzeug
Weder beim Aufstehen noch beim Hinsetzen sollte man sich am Vordersitz festhalten. Man gleitet einfach auf den ersten Sitz und dann auf den zweiten. Geschickte Passagiere schaffen es durch Abstützen am eigenen Sitz sofort auf den Mittelplatz.

Ausreden lassen
gilt in Deutschland als eine der wichtigsten Benimmregeln. Keiner lässt sich gerne ins Wort fallen. Endlose Monologe können mit Zwischenfragen unterbrochen werden.

Barista
So wie ein Barkeeper weiß, Cocktails zu mixen, so kennt sich ein Barista in Sachen Kaffee aus. Der Beruf des Barista ist in Italien schon seit Jahren bekannt. In Deutschland ist er mehr und mehr im Kommen. Neben den Espresso-Maschinen kennt sich ein Barista auch mit über 800 Kaffeearomen aus.

bcc
steht für »Blind Carbon Copy«. Hier werden Personen eingetragen, die bei einer E-Mail auf Kopie gesetzt werden, aber den anderen Empfängern nicht sichtbar sind. Die Benutzung dieses Feldes ist umstritten, da dies als ein »Überwachungsmodul« missverstanden werden könnte.

Begrüßung am Tisch
Im Berufsleben gilt heute die Regel, dass alle Sitzenden aufstehen und die Personen begrüßen, die an den Tisch kommen. Auch Frauen stehen auf, um

mit ihrem Gegenüber auf gleicher Augenhöhe zu sein. Sie brauchen so bei der Begrüßung nicht zu Ihrem Gegenüber aufzublicken.

Begrüßung
Grundsätzlich grüßt der zuerst, der einen Raum betritt. Dies gilt sowohl im Privatleben als auch im Geschäftsleben. Im Beruf grüßt der Rangniedere den Ranghöheren, wenn sie sich z. B. auf dem Flur begegnen.

Besprechungsprotokoll
Im Protokoll werden die Ergebnisse einer Besprechung festgehalten. Es erleichtert die Erfolgskontrolle und kann darüber hinaus wichtige Impulse für das nächste Meeting liefern. Es wird nach einer Besprechung geschrieben und an alle Teilnehmer versendet.

Bestecksprache
Es gibt eine internationale Bestecksprache, die es dem Kellner ermöglicht zu erkennen, wann man fertig gegessen hat. Dabei orientiert man sich an der Zeigerstellung einer Uhr. Besteck in Position: 20 nach 4 heißt: Ich bin fertig. Position 20 nach 7 bedeutet: Ich mache eine Pause.

Betreff
Auf den manchmal noch üblichen Vermerk »Betr.:« kann in der modernen Korrespondenz verzichtet werden. Dies gilt aber nur für das Wort »Betreff«, eine Betreffzeile über dem Brief sollte immer noch eingefügt werden.

Black tie
Dieser Dresscode bedeutet für den Herrn Smoking und für die Dame Abendkleidung.

Blickkontakt
Schon zu Ritterzeiten wurden die Visiere hochgeklappt, um zu zeigen, dass man in friedlicher Absicht kommt. Blickkontakt ist auch heute noch ein unverzichtbarer Bestandteil der Kommunikation. Im Sommer sollte man deshalb die Sonnenbrillen absetzen, wenn man jemanden begrüßt.

Blumenstrauß
Zum Blumenstrauß bei offiziellen Feiern gehört eine Karte mit einem persönlichen Grußtext. Vor der Übergabe entfernt man die Papierverpackung – eine Klarsichtfolie darf mit übergeben werden. Der eingeladene Herr überreicht der Dame des Hauses den Strauß. Höfliche Gastgeber stellen Schnittblumen sofort in eine Vase.

Brogues
Schnürschuhe mit Lochmuster. Der Budapester ist eine spezielle Variante des Brogue.

Brot
Brot ist die Beilage zur Vorspeise, sollte deshalb auch frühestens zum ersten Schluck Wein gegessen werden. Brot wird in mundgerechte Stücke gebrochen, mit Butter bestrichen und zum Mund geführt. Brot wird nicht zum Aufnehmen von Soße benutzt.

Brotteller
Der Teller links vom Gedeck ist der Brotteller.

Buffet
Beim Gang zum Buffet sollte die Menüreihenfolge eingehalten werden: Vorspeise, Suppe, Zwischengericht, Hauptspeise, Dessert oder Käse. Man mischt nie heiß und kalt, süß und salzig oder Fisch und Fleisch auf dem Teller. Der Teller wird nicht mehrfach benutzt.

Business Casual
Dieser Kleidervermerk bedeutet für Herren: Stoffhose, Sakko und Hemd ohne Krawatte. Für Frauen heißt dies: Rock, Bluse oder Twin Set, Hosenanzug aber auf jeden Fall stärker geschäftsbetont als die Herren.

Business-Etikette
Ausschlaggebend für die geschäftlichen Umgangsformen sind – im Gegensatz zu den allgemeinen Umgangsformen – die Rangordnung und Position in einem Unternehmen.

Button-down-Kragen
Diese Kragenform hat Enden, die sich festknöpfen lassen.

Casual Friday
bezieht sich auf den Dresscode innerhalb einer Firma und besagt, dass Damen und Herren an Freitagen im Büro, solange sie keinen Kundenkontakt haben, das Geschäftsoutfit lockern können. Eine Stoffhose und Hemd ohne Krawatte für Herren und Hose mit Twin-Set für Frauen ist durchaus angemessen. Turnschuhe und ausgewaschene Jeans haben aber auch an diesem Tag nichts im Büro zu suchen.

Berichtigung zu »Business-Knigge für Männer«, ISBN 078-3-648-09666-6

Liebe Leserinnen und Leser,
trotz größter Sorgfalt hat sich leider ein Fehler eingeschlichen.
Die Lösungen zum Business-Check auf S. 152 sind nicht korrekt.
Richtig ist folgende Auswertung:

1. a)	6. c)	11. b)	16. a)	21. b)
2. b)	7. b)	12. a)	17. a)	22. b)
3. c)	8. c)	13. b)	18. a)	23. b)
4. c)	9. b)	14. b)	19. b)	24. b)
5. b)	10. c)	15. c)	20. b)	25. b)

Wir bitten Sie, liebe Leserinnen und Leser, den Fehler zu entschuldigen.

Die Redaktion
Haufe Gruppe

cc
steht für »Carbon Copy« und bedeutet »Durchschlag«. In der E-Mail werden Personen, die nicht direkt angesprochen werden, sondern nur in Kenntnis gesetzt werden sollen, in dieses Feld der E-Mailleiste eingetragen.

Cyber-Sprache
In der Internet-Sprache übliche Abkürzungen oder Schreibweisen haben in geschäftlichen E-Mails nichts zu suchen. Hierzu gehören z. B. folgende Abkürzungen: thx; fyi; btw; mfG.

Derby
Ein Grundmodell im Herrenschuhbereich bei dem die Seitenteile mit den Schnürsenkellöchern obenauf sind.

Digestif
Abgerundet wird ein Essen mit einem Digestif. Hierzu zählen hochprozentige Getränke wie Cognac, Whisky, Magenbitter oder Schnäpse. Sie sollen helfen, das Essen zu verdauen.

Diplomatie
Botschafter sind die hochrangigsten Vertreter ihrer Länder im Ausland und werden als Exzellenz angesprochen. Weitere Anreden sind z. B. Herr Botschafter, Herr Konsul oder auch Frau Gesandte.

Distanzen
Im Berufsleben sollten die Distanz von einer Armlänge zum Gegenüber einhalten werden. Der Schreibtisch des Kollegen ist keine Ablage für die eigene Tasche.

Doppelnamen
Menschen mit Doppelnamen möchten auch mit diesem angesprochen werden. Bei der Vorstellung muss der Doppelname in voller Länge ausgesprochen werden.

Drehtüren
werden vom Rangniederen so in Position gedreht, dass der Ranghöhere in das Drehtürabteil einsteigen kann.

Dressed for success
Wer seiner fachlichen Qualifikation mehr Ausdruck verleihen möchte, sollte auf sein optisches Erscheinungsbild achten. Auch das Erscheinungsbild der

Mitarbeiter prägt das Image einer Firma. Menschen in klassischer Kleidung wirken nachweislich kompetenter und sicherer.

Duzen
Der Ranghöhere darf entscheiden, wem er wann das Du anbieten möchte. Zu beachten ist hier, dass ein »Du« abgelehnt werden darf. Für ein »Du« reicht ein einfacher Handschlag im Geschäftsleben.

Ehrengast
sitzt rechts vom Gastgeber. Bei längeren, schmalen Tafeln kann er auch gegenüber des Gastgebers positioniert werden.

Einladung
Eine Einladung zu einer Veranstaltung, ob Geschäftsessen oder Firmenjubiläum, beinhaltet immer folgende Punkte: Wer, wann, wohin, zu welcher Veranstaltung und aus welchem Anlass einlädt. So wie eine Einladung ausgesprochen wurde, wird sie auch angenommen oder abgelehnt! Das heißt, auf eine schriftliche Einladung sollte auch per Brief zu- oder abgesagt werden.

Einreiher
Sakko, bei dem die Vorderseite nur eine vertikal verlaufende Knopfreihe besitzt.

Ellenbogen
haben bei einem Essen nichts auf dem Tisch zu suchen. Die Hände dürfen bis zu den Handknochen auf dem Tisch abgelegt werden. Ellenbogen sollten den Tisch aber nie berühren.

E-Mail
Das schnelle Medium verlangt eine relativ schnelle Beantwortung von Sendungen. Spätestens am zweiten Tag nach Erhalt einer E-Mail sollte diese beantwortet werden oder zumindest ein Zwischenbericht erfolgen. E-Mails werden wie der herkömmliche Brief nach der deutschen Rechtschreibung gehandhabt. Also nicht ausschließlich in Kleinbuchstaben schreiben, nur um Zeit zu sparen. Eine Gliederung in Absätze macht das Lesen einer E-Mail leichter.

Emoticons :-o ;-) :-)
Im geschäftlichen E-Mail-Verkehr sollten Worte so eindeutig formuliert werden, dass keine Emoticons nötig sind. Die kleinen Symbole drücken in erster Linie Gefühle wie Lachen, Bedauern oder ein Augenzwinkern aus und sind nur im privaten Bereich angebracht.

Erster Eindruck

Fakt ist, dass sich Menschen innerhalb von wenigen Sekunden einen ersten Eindruck von anderen verschaffen und dieser entscheidend für die Chancen im Job sein kann.

Etikette

Der Begriff bezeichnet die allgemein gültigen Umgangsformen.

Fahrstuhl

Der Ranghöhere oder Gast betritt den Fahrstuhl als Erster und sollte ihn auch zuerst wieder verlassen. Ist der Fahrstuhl allerdings so klein, dass die Regel »first in, first out« nur erschwert anwendbar ist, lassen Sie die Regel fallen und gehen der Reihe nach aus dem Fahrstuhl.

Farben

Die klassischen Farben im Geschäftsleben sind Blau, Grau und Braun. Schwarz ist durch Branchen wie Design und Mode immer mehr in die Berufswelt vorgedrungen, gilt aber unter klassischen Gesichtspunkten als Farbe für besondere Anlässe.

Fingerfood

sind die Gerichte, die ohne Bedenken mit den Fingern gegessen werden dürfen. Allerdings nur, wenn Fingerschalen oder heiße Tücher bereit stehen. Fingergerichte sind: Artischocken, Spareribs, Wachteln, Austern (sofern nicht überbacken), (Mies-)Muschel. Schalen- und Krustentiere, sofern nicht ausgelöst: Krabben, Garnelen, Langusten, Hummer.

Fingerschälchen

... auch Fingerbowle genannt, ist ein kleines mit Wasser gefülltes Schälchen zum Reinigen der Finger nach dem Essen von Fingerfood (z.B. Meeresfrüchte, Artischocken, usw.). Dazu werden oft Zitronenscheiben gereicht. Diese faltet man leicht zusammen und reinigt damit die fettigen Finger. Anschließend werden die Finger im Schälchen abgespült und mit der Serviette, die an der Fingerschale geliefert wurde, getrocknet.

Fischbesteck

Das Fischbesteck besteht aus einer Fischgabel und einem Fischmesser. Diese unterscheiden sich in der Form vom anderen Besteck. Das Fischmesser besitzt keine scharfe Klinge, da Fisch in der Regel nicht geschnitten wird.

Flugzeug-Armlehne (economy class)
Die Person am Gang, bekommt die Sitzlehne, die zur Seite des Ganges ist. Dem Passagier in der Mitte sollten die Lehnen links und rechts zustehen, da er sich am wenigsten bewegen kann.

Flugzeug-Knigge
Eine Geste der Höflichkeit, auf die man niemals verzichten sollten, ist ein freundlicher Gruß an den Nachbarn.

Frühstücksbrötchen
Das Frühstücksbrötchen wird mit dem Messer aufgeschnitten und nach Geschmack belegt. Die beide Hälften dürfen aber nicht wieder zusammen geklappt werden, sondern werden getrennt gegessen. Frühstücksbrötchen mit Messer und Gabel zu essen, ist übertrieben.

Frühstücksei
Das Frühstücksei sollte nicht geköpft, sondern mit dem Eierlöffel aufgeklopft werden. Das Köpfen ist zwar inzwischen erlaubt, aber schöner ist die Version des Aufklopfens.

Gästekarte
In einigen Restaurants gibt es die so genannte »Gästekarte«. Sie enthält keine Preise, so dass sich der Gast ohne schlechtes Gewissen das aussuchen kann, worauf er gerade Lust hat.

Gastgeberrolle
Der Gastgeber reserviert den Tisch, stellt eine Tischordnung zusammen, sucht den Wein aus und kostet ihn. Bringt einen Toast aus, gibt das Zeichen zum Anfang des Essens, hält eine Tischrede, bezahlt die Rechnung und hilft den Gästen mit der Logistik, sicher und heil nach Hause zu kommen.

Gastgeschenke
Als Gastgeschenke bezeichnet man zum einen Geschenke, die Sie als Gast mitbringen, als auch Geschenke, die vom Gastgeber als Erinnerung an die Gäste übergeben werden. Bei der Auswahl des Geschenks sollte die Beziehung zum Beschenkten, die Position und die persönlichen Interessen berücksichtigt werden.

Geschäftsgäste
werden vom Empfang abgeholt und zum Besprechungsraum geführt. Einem Gast sollte der Aufenthalt in Ihrem Unternehmen so angenehm wie möglich

gestaltet werden. Gäste werden nach Ende einer Besprechung zurück zum Eingang begleitet und dort vom Begleiter verabschiedet.

Gesprächsöffner
Ort, Umfeld und der Anlass, der Sie zur Veranstaltung führt, sind die besten Gesprächsöffner.

Gesprächsthemen
Geburtsort, Sportarten, Kunst, Film und Fernsehen, Literatur, Kultur, Kulinarisches sowie Möbel und Autos gelten als die perfekten Small-Talk-Themen, um das »kleine Gespräch« zu führen.

Getränke im Flugzeug
werden zuerst dem Passagier am Fenster gereicht. So müssen andere Bestellungen nicht über andere Getränke hinweggereicht werden.

Gläser
werden immer am Stiel gehalten, sofern Sie einen haben. So werden kältere Getränke wie Weißwein oder Champagner nicht warm, es entstehen keine Fingerspuren auf dem Glaskelch und beim Anstoßen im kleinen Kreis entfalten die Gläser den vollen Klang.

Grußformel am Telefon
Tagesgruß, Unternehmen, (Abteilung), Vornamen und Nachnamen.

Guten Appetit!
Wird nicht als Start zum Essen gesagt. Das Zeichen zum Start des Essens gibt der Gastgeber, indem er zum Besteck greift, sobald alle am Tisch das Essen serviert bekommen haben.

Haifischkragen
Bei ihm sind die Kragenspitzen so abgeschnitten, dass ein weit aufgespreizter Kragen entsteht bei dem sich der Doppelte Windsorknoten anbietet.

Händedruck
ist der gefühlte erste Eindruck. Ein Händedruck demonstriert Vertrauen. Dauer: ein bis zwei Sekunden. Die Hand wird gereicht und nicht geschüttelt. Ein Händedruck sollte bestimmt sein. Nicht zu soft, aber auch nicht zu hart.

Handschlag
Der Ranghöhere entscheidet, ob er seinem Gegenüber die Hand reicht. Ein Angestellter sollte also darauf warten, dass ihm nach seiner verbalen Begrüßung die Hand vom Vorgesetzten entgegengestreckt wird.

Handschuhe
Gibt man im Winter einem Bekannten auf der Straße die Hand, zieht man den echten Handschuh aus, wenn der andere keine Handschuhe trägt. Tragen beide Handschuhe, kann man diese zum Handshake anbehalten.

Handy-Knigge
Die Erreichbarkeit überall zu jeder Zeit sollte in einigen Situation genau überdacht werden. Wo und wann stört man Menschen mit einem Klingeln? Klingeltöne möglichst dezent wählen und im Meeting auf Vibrationsalarm stellen, wenn man auf einen dringenden Anruf wartet. Unbedingt die Beteiligten der Besprechung von dieser Tatsache unterrichten. Nummern nicht verbergen. Dies wirkt im Geschäftsleben unseriös.

Herr Ober!
Wird nicht lauthals durch das Lokal gerufen. Eine weibliche Entsprechung für diese Anrede gibt es nicht. Entweder sollte man sich den Namen des Oberkellners merken oder noch besser über Blickkontakt mit ihm Kontakt aufnehmen. Gutes Personal beobachtet seine Gäste stets.

Kaffeelöffel
wird nach der Benutzung nicht abgeleckt, sondern nur auf dem Unterteller abgelegt.

Kaffeetasse
Eine Tasse reicht man zum Nachschenken immer mit dem Unterteller.

Kartoffelknödel
Kartoffelknödel werden mit der Gabel zerteilt und nicht mit dem Messer geschnitten.

Kaugummi
kauen kann niemand wirklich ästhetisch. Außerdem verhindert es eine deutliche Aussprache. Bei festlichen Anlässen ist Kaugummikauen ein absolutes Tabu.

Kentkragen
Eine Kragenform, die annähernd ein gleichwinkliges Schenkeldreieck bildet.

Killerphasen am Telefon
Wie war der Name? Da haben Sie mich falsch verstanden. Da kann ich Ihnen auch nicht helfen. Worum geht's denn? Wenn ich Sie mal unterbrechen darf. Im Telefonat sollten keine Probleme geschaffen werden, sondern Lösungen angeboten werden.

Killerphrasen im Brief
Ein Verzicht von Belehrungen und Fachausdrücken in E-Mail und Brief ist für einen guten Umgangston im Schriftverkehr von Vorteil. Sogar Mahnungen können freundlich formuliert werden und erzielen so ihren Zweck.

Kirche
Exzellenz ist die korrekte Anrede für einen katholischen Bischof, die heute allerdings etwas veraltet ist, aber immer noch im offiziellen Schriftverkehr gebräuchlich ist. Weitere kirchliche Würdenträger sind Kardinale, die mit Eminenz angesprochen werden. Andere kirchliche Anreden sind z. B. Herr Pastor oder Herr Vikar. In der katholischen Kirche gibt es Priester, in der Evangelischen Pastoren.

Kleidervermerke
Auf Einladungen findet man oft Kleidungsvermerke (Dresscode). An diese sollten man sich halten, denn der Gastgeber hat die Veranstaltung in einem bestimmten Rahmen geplant. Siehe »Black tie« und »White tie«.

Korrespondenz
Da jeder schriftliche Kontakt »archiviert« werden kann, ist es besonders wichtig, aus jeder Art von »Postausgang« eine vorzeigbare Visitenkarte des Unternehmens zu machen. Kundenorientierte Korrespondenz sollte kurz, konkret und positiv sein.

Mahlzeit
ist eine Abkürzung für »Gesegnete Mahlzeit« und gehört nicht zu den Tagesgrüßen, sondern höchstens in die Kantine oder an den Mittagstisch. Auf ein »Mahlzeit« antworten man am besten mit »Danke«. Mahlzeit ist kein Gruß und sollte nicht benutzt werden.

Messerbank
In seltenen Fällen ist rechts neben dem Teller eine kleine Messerbank zu finden, auf der das Messer statt auf dem Teller während des Essens abgelegt werden kann.

Moderator
hat die Aufgabe, den Prozess während der Besprechung zu fördern und nicht, ihn inhaltlich zu lösen. Läuft die Zeit in einer Besprechung davon, sollte der Moderator in den Ablauf eingreifen und das zeitintensivste Thema ausklammern und dafür ein neues Meeting ansetzten. Möglichst Zeit und Ort im Meeting fixieren.

Nachricht
ist eine Mitteilung über einen objektiven Sachverhalt. Dieser Sachverhalt sollte folgende Kriterien erfüllen: von allgemeinem Interesse sein; den Zeitgeist treffen; sachlich objektiv sein; verständlich ausgedrückt sein; nachprüfbar sein.

Namenschilder
zum Anstecken werden auf der rechten Seite getragen. Der Vorteil gegenüber der üblichen linken Seite liegt darin, dass der Gesprächspartner leichter und unauffälliger auf das Namenschild spicken kann.

Oxford
Ein unverziertes Grundmodell im Herrenschuhbereich, bei dem die Lederzunge von unten angesetzt wird und damit eine »geschlossene Schnürung« erzeugt wird.

Papierservietten
Auch Papierservietten finden (wie Stoffservietten) ihren Platz am Ende nicht auf dem Teller, sondern links neben dem Teller.

Pasta
Pasta wird nicht mit dem Messer geschnitten.

Placement (Sitzplan)
Der Sitzplan einer Sitzordnung wird meist im Bereich des Empfangs, auf jeden Fall aber vor dem Speisesaal aufgehängt. So kann jeder erkennen, an welchem Tisch und neben wem er sitzt. Hat man seine Tischdame auf diesem Plan entdeckt, kennt diese aber nicht, so lässt man sich diese vom Gastgeber vorstellen.

Platzteller
ist oft aus Metall oder farblich unterschiedlich zum normalen Teller. Vom Platzteller wird nicht gegessen. Auf ihm werden die Teller der jeweiligen Gänge abgestellt.

Presseinterview
Vor einem Interview sollte man ein Vorgespräch mit dem Journalisten vereinbaren. Am besten lässt man sich die Fragen im Vorfeld schicken, um diese in aller Ruhe vorzubereiten. Kurze Sätze von nicht mehr als zehn Worten sind von Vorteil.

Pressekonferenz
Zu einer Pressekonferenz sollte man als Einladender überpünktlich sein. Die Kleidung prägt das Image der Firma und sollte dementsprechend hochwertig sein. Als Einladender verlässt man die Pressekonferenz erst, wenn die Pressevertreter gegangen sind.

Professor
Für weibliche Professoren gilt die Schreibweise »Frau Professorin«. Bei Titelhäufungen wird in der mündlichen Anrede nur der höchste Titel verwendet. Ein Titel darf erst nach Erlaubnis durch den Inhaber weggelassen werden.

Pünktlichkeit
Mit der Zeit anderer Menschen geht man sehr bewusst und vorsichtig um. Pünktlichkeit ist deshalb eine der obersten Höflichkeitsregeln in Job und Privatleben.

Rasierwasser
im Beruf sollte nur aus nächster Nähe riechbar sein, um nicht aufdringlich zu wirken.

Rauchen
während des Essens ist nicht gestattet. Die letzte Chance ist während des Aperitifs und dann erst wieder nach dem Dessert. Es sollte aber immer nachgefragt werden, ob es die Anwesenden stört, wenn geraucht wird. Dies gilt nicht nur für das Essen, sondern auch für alles anderen Situationen.

Rechnung
sollte der Gastgeber am besten entfernt vom Tisch begleichen. Der Gastgeber entschuldigt sich von seinen Gästen und kann an der Bar die einzelnen Posten der Rechnung prüfen und in aller Ruhe das Trinkgeld ausrechnen und hinzufügen.

Rednerreihenfolge
Man kann die Grußreden mit dem Ranghöchsten beginnen oder aber auch enden lassen, um eine Spannung aufzubauen. Die Reihenfolge der Redner sollte sich also an den individuellen Gegebenheiten orientieren.

Reklamationen
werden diskret und mit Würde vorgebracht. Seine Wut sollte man nicht nach dem Essen an dem Kellner auslassen, denn dann kann er den Fehler nicht mehr beheben. Sobald etwas zu beanstanden ist, wird die Servicekraft gerufen, damit diese Ersatz bringen kann.

Repräsentanten des Staates
werden mündlich und schriftlich mit ihrer Amtsbezeichnung angesprochen. Nach ihrer Amtszeit wird in der Briefanschrift hinter die Amtsbezeichnung ein »a. D.« (außer Dienst) gehängt.

Restaurantwahl
Durch die Wahl des Restaurants sendet man seinem Kunden Signale von Status und Relevanz.

Salat
Salat wird nicht geschnitten, sondern gefaltet. Ausnahme: Chicorée.

Schuhe rahmengenäht
hochwertige Herstellungsart für Lederschuhe.

Schuhe
sollten stets gut gepflegt und geputzt sein. Schief getretene Absätze wirken ungepflegt und lassen Rückschlüsse auf den Träger zu.

Selbstvorstellung
Die Selbstvorstellung sollte positiv und sympathisch sein. Man nennt seinen Vor- und Nachnamen, möglichst mit dem Tagesgruß. Titel werden nicht genannt. Auch »Herr« oder« Frau« wird nicht zum Namen ergänzt. Ideal: »Schönen guten Tag, ich bin [Vorname Name]«.

Serviette
Die Serviette findet man meistens auf dem Tisch drapiert. Diese wird gleich auf den Schoß gelegt, spätestens aber bevor die Vorspeise serviert wird. Verlässt man den Tisch während des Essens, wird die Serviette locker zusammengelegt, links vom Teller platziert. Das Gleiche gilt für das Ende des Essens.

Siezen
In Deutschland gilt für die Anrede von fremden Personen im Privatleben wie im Geschäftsleben das Sie. Es gibt heutzutage eine Mischform, die im Geschäftsleben eine gute Alternative zum Duzen ist. Personen werden mit dem Vornamen angesprochen aber trotzdem gesiezt: »Christina, können Sie

mir bitte den Ordner geben?« dies ist nicht zu verwechseln mit »Frau Meier, kannst du mal …?«

Signatur
steht unter dem Text einer E-Mail und beinhaltet die Kontaktdaten des Absenders (Name, Firma, Anschrift, Telefon, Fax und E-Mail). Eine Signatur sollte immer unter eine E-Mail eingefügt werden, damit der Empfänger bei Nachfragen bequem auf die Daten zurückgreifen kann.

Sitzhaltung
Lässiges Zurücklehnen und übergeschlagene Beine sind keine korrekte Sitzhaltung in der Öffentlichkeit. Die beste Sitzhaltung ist mit beiden Beinen auf dem Boden und in einer aufrechten Position.

Sitzordnung
Für eine gute Sitzordnung bedarf es Fingerspitzengefühl und sie kann ausschlaggebend für das Gelingen des Abends sein. Die Sitzordnung ist dafür da, anregende Gespräche zu fördern. Grundsätzlich kann man sagen, je wichtiger der Gast, umso näher sitzt er beim Gastgeber.

Sitzreihen
Bitte mit dem Gesicht zum Sitzenden durch Sitzreihen gehen.

Small Talk
ist das kleine Gespräch mit meist fremden Personen. Der perfekte Small Talker stellt offene Fragen und hört aufmerksam zu. Gemeinsamkeiten wie Ort, Umfeld und Anlass sind die besten Einstiegsthemen.

Sommelier
wählt Getränke aller Art aus und beschafft sie. Bier, Spirituosen, Kaffee, Tee, Nonalcoholics und Zigarren gehören gleichermaßen zu seinem Repertoire. Er ist verantwortlich für die Logistik und Lagerhaltung. Der Sommelier spricht Getränkeempfehlungen aus. Um den richtigen Wein zu empfehlen, führt er enge Absprachen mit dem Koch über die Zutaten und Zubereitungsart der Speisen.

Sommer-Outfit für Männer
Das Business-Hemd ist immer langärmelig. Ein kurzärmeliges Hemd gehört nicht zum Business-Outfit. Das Sakko wird nicht ausgezogen, es sei denn der Ranghöhere schlägt es selber vor. Aber auch dann gilt es, nicht die Ärmel hochzukrempeln.

Suppe
wird entweder in einem Teller oder einer Suppentasse serviert. Der Suppenteller darf nicht angehoben werden, um den letzten Rest leichter essen zu können. Die Suppentasse dagegen darf ausgetrunken werden, indem die Tasse mit einer Hand an den Mund geführt wird.

Tabuthemen
Polarisierende Themen wie Religion und Politik haben im Small Talk nichts zu suchen. Weiterhin sind Themen wie Geld, Krankheit, partnerschaftliche Probleme und negative Themen weniger für einen Small Talk geeignet.

Tattoos
Das offene Zeigen von Tattoos ist in vielen Branchen nicht gerne gesehen. Persönliche Markenzeichen sollten verdeckt getragen werden.

Taxi
Der beste Platz im Taxi ist hinten rechts und wird dem Gast/Kunden überlassen. Nimmt man in Begleitung auf dem Beifahrersitz Platz, bedeutet dies, dass man die Rechnung übernehmen wird.

Telefongespräche verbinden
Wenn von einem zum anderen Apparat verbunden wird, wird der Anrufer nicht wortlos weggedrückt und verbunden. Ein paar Worte über das, was jetzt mit ihm in der Leitung passiert, sind angebracht. Dieses Verfahren gilt sowohl für das Weiterverbinden als auch für die Klärung eines Sachverhalts.

Telefonieren
ist Kommunikation ohne Körpersprache. Um den Spontaneindruck beim Gesprächspartner positiv zu beeinflussen, sollte man auf folgende Faktoren achten: klare Stimme, gemäßigtes Sprechtempo, Wortwahl, Freundlichkeit, Verbindlichkeit.

tip
ist der englische Ausdruck für Trinkgeld und steht für: »to improve promtness«.

Tischdame
Die Dame, die rechts neben dem Herrn sitzt, bezeichnet man als Tischdame. Sie sollte die Aufmerksamkeit des Tischherrn haben. Er steht auf, wenn sie aufsteht und hilft ihr auch wieder beim Platz nehmen.

Tischherr
Der Herr, der links neben der Dame sitzt, wird als Tischherr bezeichnet. Dies sollte nicht der Partner der Dame sein. Der Tischherr hat die Aufgabe, seine Tischdame den Abend über zu unterhalten und auf ihr Wohl zu achten. Auf einem Ball gehört der erste Tanz seiner Tischdame.

Tischreden
Sind Tischreden vorgesehen, so sollte der Gastgeber als Erstes nach der Vorspeise seine Rede halten. Wollen andere Personen Tischreden halten, sollte dies vorher mit dem Gastgeber oder Veranstalter abgestimmt werden. Tischreden und Toasts werden immer zwischen den Gängen gehalten.

Treppen
Der Rangniedere wird hinter dem Ranghöheren die Treppe besteigen. Im Privatleben gehen Männer hinter den Frauen die Treppe hinauf, um sie bei einem eventuellen Sturz auffangen zu können. Hinunter geht der Mann vor der Frau, um auch hier die Frau bei einem Sturz retten zu können.

Trinkgeld
macht in deutschen Restaurants fünf bis zehn Prozent des Rechnungsbetrages aus. Besitzer eines Restaurants bekommen kein Trinkgeld. Hier sollte ein Trinkgeld mit dem Kommentar »Für das Personal« verbunden sein.

Türen
werden dem Ranghöheren aufgehalten. Nur ein Ranghöherer kann entscheiden, ob er eine Mitarbeiterin vorgehen lassen möchte.

u. A. w. g.
Diese Abkürzung für »um Antwort wird gebeten« findet man auf Einladungen und wird meist mit einem Datum versehen. Spätestens bis zum genannten Datum sollte man auf gleichem Weg wie man die Einladung erhalten hat, an den Einladenden zu- oder absagen. Eine einmal gegebene Zusage sollte, außer in Notfällen, nicht mehr zurückgenommen werden.

Ungenießbares
Ungenießbares verlässt den Mund, wie es in ihn hineinkam: Gräten über die Gabel, die Steine der Kirschen, die man beim Dessert mit der Hand isst, über die Hand.

Vegetarier
sollten sich kurz nach der Einladung zu einem Geschäftsessen als solche beim Einladenden zu erkennen geben. So vermeidet man, dass der Gastgeber in die

Situation kommt z.B. ein Steakhaus aufzusuchen oder ein Menü zusammenzustellen, dass ein Vegetarier nur ungern isst.

Verabschiedung
geht vom Ranghöheren aus. Wenn Sie Gast sind, verabschieden Sie sich vom Gastgeber. Die Verabschiedung beinhaltet das gesprochene »Auf Wiedersehen« sowie den Handschlag zum Abschied.

Verlassen des Flugzeugs
Es geht der zuerst raus, der der Tür am nächsten ist. Das Flugzeug wird also bei Nutzung der vorderen Tür, von vorne nach hinten »entladen«.

Visitenkarten
Immer durchlesen und erst dann wegstecken. Der Gast gibt seine Visitenkarte zu Beginn einer Besprechung als Erstes. Es gilt als unhöflich, eine Visitenkarte ungelesen wegzustecken. In Gruppen erhält zuerst die oder der Ranghöchste die Visitenkarte. Ist eine Hierarchie nicht erkennbar, verteilen Sie die Visitenkarten der Reihe nach.

Vorstellung
Die wichtigste Person sollte als erste Informationen erhalten, wer wer ist. Also im Geschäftsleben der Ranghöhere, der Gast oder Kunde.

White tie
Dieser Dresscode bedeutet für den Herrn Frack und für die Dame ein Ballkleid.

Windsorkragen
Er ist dem Kentkragen so ähnlich, dass die Bezeichnungen oft ausgetauscht werden.

Zahnstocher
Auch wenn man es noch häufig beobachten kann, darf man den Zahnstocher nicht am Tisch benutzen, auch nicht hinter vorgehaltener Hand. Man zieht sich dafür auf die Toilette zurück.

Zeitung im Flugzeug
Zum Zeitung lesen im Flugzeug steht nur die Sitzbreite zur Verfügung, wenn der Platz daneben besetzt ist.

Zigarre
Wegen der starken Geruchsbildung, drückt man eine Zigarre nicht aus. Man lässt sie selbständig im Aschenbecher erlöschen.

Zum Wohl
Grundsätzlich wird nur mit Getränken wie Wein, Sekt oder Champagner angestoßen. Sollten Sie keinen Alkohol trinken, sind Sie aber nicht vom Anstoßen ausgenommen.

Zuprosten
Das formvollendete Zuprosten ist die Aufgabe des Gastgebers oder des Ranghöheren. Hierzu werden das Glas am Stil gehoben und alle Gäste angeschaut.

Zweireiher
Sakko, bei dem die Vorderseite zwei vertikal bzw. leicht trapezförmig verlaufende Knopfreihen hat.

Literaturverzeichnis

Betzner-Brandt, Michael (2014): Jeder kann singen! Bärenreiter Verlag, Kassel.

Braun, Roman (2007): Die Macht der Rhetorik. Redline Wirtschaft, Heidelberg.

Demangeat, Isabelle (2014): Geschäftskultur Frankreich, Conbook-Verlag, Meerbusch.

Finckenstein, Theodor Graf Finck von (1998): Protokollarischer Ratgeber. Hinweise für persönliche Anschriften und Anreden im öffentlichen Leben. 3., neubearbeitete Auflage, Bundesanzeiger Verlag.

Marius, Johanna (2012), Geschäftskultur USA, Conbook-Verlag, Meerbusch.

Von Knigge, Adolph Freiherr (2001): Über den Umgang mit Menschen. Insel Verlag: Frankfurt am Main und Leipzig.

Von Thurn und Taxis, Gloria; Borghese, Alessandra (2004): Unsere Umgangsformen. Die Welt der guten Sitten von A bis Z. Mosaik bei Goldmann: München.

Post, Emily (2014): The Etiquete Advantage in Business (third Edition), William Morrow, New York.

Stil & Etikette (2003), Loseblatt-Zeitschrift, Verlag für die deutsche Wirtschaft AG, Hg. Joachim Müller, Bonn. www.stil.de

Internet

Forms of Address: www.Debretts.com

Restaurant: So benutzen Sie Ihr Fischbesteck: www.experto.de

Meeting-Knigge: Tun Sie das bitte NIE im Meeting (2016): www.Karrierebibel.de

Stimmübungen für eine gesunde Stimme: www.starke-stimme.de

Anschriften und Anreden: www.protokoll-inland.de

Die Autoren

Anke Quittschau und Christina Tabernig
Die Autorinnen sind Gründer und Inhaber des Trainingsinstituts korrekt!, die seit 2003 Einzel-Coachings und Seminare zum Thema »Business-Etikette« zum Schwerpunkt hat. Tipps und Tricks aus der langjährigen Praxis der Autorinnen gestalten dieses Buch als Ratgeber für alle, die Fragen zu den modernen Umgangsformen im Job haben.

Christina Tabernig wuchs in internationalem adligen Familienumfeld auf, studierte BWL und arbeitete viele Jahre bei Unternehmen wie McKinsey, Commerce One und anderen Unternehmen der IT-Industrie.

Anke Quittschau war nach dem BWL-Studium seit 1991 in verschiedenen Marketing- und Vertriebsfunktionen großer Konzerne der Automobil- und Versicherungswirtschaft verantwortlich tätig.

Mehr über die Autorinnen unter www.korrekt.de

Danksagung
Wir bedanken uns bei der Fotografin Iris Bothe für die freundliche Unterstützung bei den Bildmaterialen und bei Wolfgang Rappolt für die Illustrationen.

Dirk Pfister ist ein erfahrener Trainer, Berater und »Infotainer«, der seit über 20 Jahren für deutsche und internationale Unternehmen agiert. www.gentleman-training.de & www.treffsicher-kleiden.de

HAUFE.
smARt Haufe
MEHR ALS NUR EIN BUCH
Digitale Zusatzinhalte per Augmented Reality direkt auf das Smartphone laden!
Peter Flume
smARt
Mit Augmented-Reality-Elementen
Die Kunst der Kommunikation
In Gesprächen und Vorträgen überzeugen
Digitale Zusatzinhalte für Ihr Smartphone!
HAUFE.